高等职业教育建筑与规划类专业『十四五』互联网+创新教材

住宅室内设计

——中小户型家装室内设计

主编　罗伟　王鑫　吕茜

中国建筑工业出版社

前 言

课程介绍

随着我国地产行业的空前繁荣，随之而来的是室内装饰行业的迅速崛起。居住不再仅仅是一个生存的基本需要，而是对生活质量、艺术美感和人文情怀的追求与展现。这一转变对于每一个人来说，是对“家”的全新诠释。

本教材名为《住宅室内设计——中小户型家装室内设计》，意在为广大学生和读者提供一个系统而深入的室内设计知识体系。书中内容涵盖了从基础理论到实际应用，从设计哲学到实际操作的全过程，不仅满足学生对理论知识的学习，更注重与职业实践相结合，致力于培养学生和设计师的综合能力。

本教材注重立德树人根本任务，促进学生成为德智体美劳全面发展的社会主义建设者和接班人，教材内容中融入素质教育目标，推进中华民族文化自信。

本教材遵循以工作过程为导向的原则，从“知识篇”到“实践篇”逐步深入，旨在让读者在掌握每个技能的同时，对整个室内设计的工作过程有全面的了解。以职业的实际需求为基础，对教材内容进行了精心设计与规划，希望读者通过本教材能真正将理论与实践相结合，发挥自身的专业能力和创新能力。

此外，我们也注重行业的最新发展和技术革新。本教材中所介绍的新材料、新技术和新理念，都是与当前室内设计行业前沿紧密相连，以确保读者能够随时掌握行业的最新动态。值得一提的是，本教材得到了众多室内装饰企业的大力支持与协助，这不仅使得本教材更加实用、贴近实际，更体现了我们对于高等职业教育的高度重视。尽管我们竭尽全力，但本教材在某些方面仍可能存在不足。我们真诚地希望各位读者、专家和行业同仁能够提出宝贵的意见和建议，以助于我们持续完善本教材，使之成为室内设计领域的经典之作。

本教材由重庆城市职业学院罗伟、王鑫、吕茜主编，杨迪、胡欣岑、屈英科、方永志副主编，其中知识篇的项目 1、项目 4、项目 9 由罗伟、胡欣岑编写，项目 3、项目 5、项目 7 由吕茜编写，项目 6 由方永志编写，项目 2、项目 8 由杨迪编写；实践篇由王鑫、屈英科编写；此外，我的学生在编写中给予了极大的帮助，在此特别感谢。

由于编者水平有限，书中难免存在不足之处，恳请读者批评指正。

目　录

1　知识篇

1 知识篇

知识篇为读者铺设室内设计的基石，探讨设计的各个核心元素和基础理论。只有掌握了这些基础知识，设计师才能进行更高层次的创新和应用。本部分的内容有：

（一）室内设计基础知识

1. 定义：阐明什么是室内设计以及其在住宅中的重要性。

2. 设计原则：简述室内设计原则，如功能性、艺术审美等原则。

3. 设计程序与步骤：对中小户型家装设计程序与步骤进行介绍。

（二）室内设计风格

1. 典型风格：如现代、传统、工业、田园、极简等风格的定义和特点。

2. 元素与应用：针对每一种风格，介绍其主要设计元素和应用策略。

（三）居室色彩设计

1. 色彩心理学：阐述不同颜色对人的心理和情感的影响。

2. 色彩搭配：讲解如何进行色彩的选择与组合，使室内空间和谐且有特色。

3. 色彩的应用：讲解在实际设计中如何运用色彩，包括墙面、家具、装饰品等。

（四）室内灯光照明

1. 灯光类型：如环境光、重点光、功能光等的定义和应用。

2. 灯光设计技巧：如何利用灯光营造空间氛围和满足功能需求。

3. 最新技术：如 LED 灯、智能照明等的介绍与应用。

（五）室内人体工程学

1. 人的尺寸：探讨平均人的体型尺寸、活动范围等。

2. 设计考量：如何在设计中考虑到人体工程学，确保空间的舒适性和功能性。

3. 常见问题与解决方案：介绍在设计中可能遇到的人体工程学问题及其应对策略。

（六）家装材料的选择

1. 常用材料：如木材、石材、金属、塑料等的基本性质。

2. 材料选择：讲解如何根据设计需求和预算选择适当的材料。

3. 材料的应用：介绍不同材料在室内设计中的常见应用方式和技巧。

（七）室内绿植

1. 绿植的好处：探讨绿植对室内空气质量和心理健康的益处。

2. 常见室内植物：讲解如何选择并照顾适合室内的植物。

3. 植物的布置：讲解如何在室内设计中巧妙地使用植物进行装饰。

（八）软装元素

1. 定义：解释什么是软装以及其与硬装的区别。

2. 常见软装：如家具、地毯、窗帘、装饰品等的选择与搭配。

3. 软装的应用：如何在室内空间中有效地使用软装增强空间的功能和美感。

（九）中小户型家装空间设计

1. 空间规划：如何针对中小户型进行有效的空间划分与利用。

2. 设计策略：提供适应中小户型的设计方法和技巧。

3. 案例分析：通过实际案例，展示如何将理论应用到实践中。

通过知识篇的学习，读者可以系统地了解室内设计的核心知识和技巧，并为后续的设计实践打下坚实的基础。

项目1

室内设计基础知识

知识目标：1. 了解家装设计的定义且对设计、空间等概念有深入的认识；
2. 明确中小户型家装设计程序与步骤。

技能目标：掌握住宅室内设计理论知识基础。

素质目标：使学生具备高素质、高技能的设计人才所必需的住宅室内设计基本理论、基本知识、基本技能，并具备一定的创新能力，为培养学生职业素质奠定基础。

【思维导图】

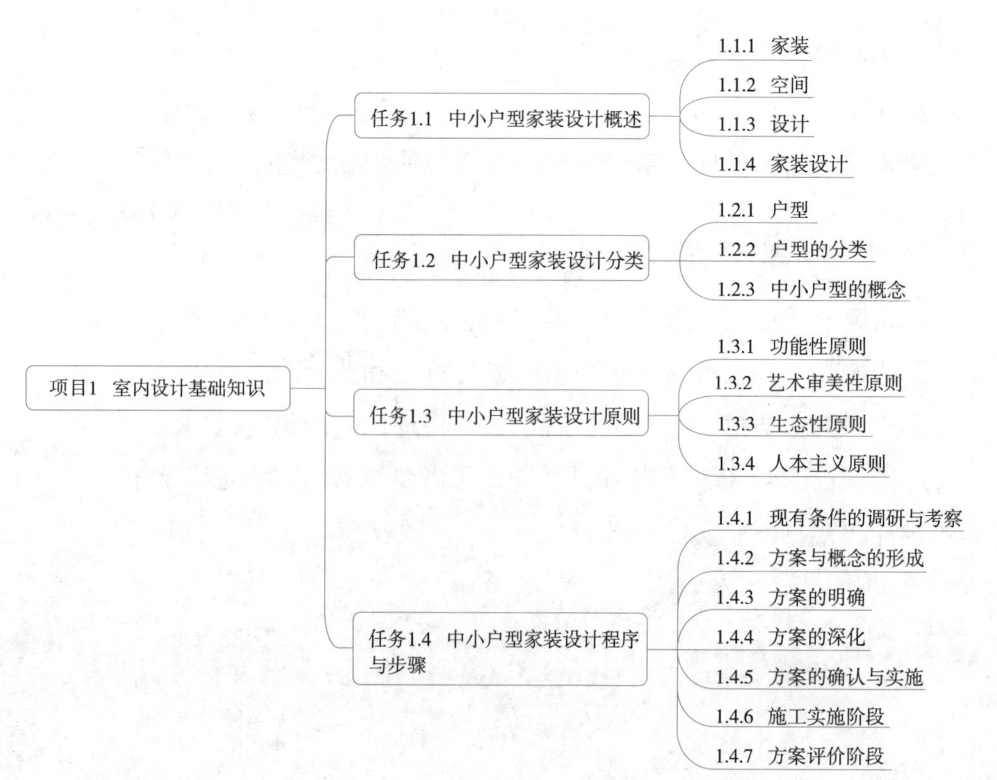

任务 1.1　中小户型家装设计概述

【任务描述】

了解家装设计的定义是学习住宅室内设计的前提，只有对家装设计概念做出准确的定义，且对设计、空间等概念有深入的认识，才能够把握住宅室内设计本质，并在后面的课程中做出优秀的设计。

1.1　中小户型家装设计概述

相关知识：

1.1.1　家装

家装一般是相对于公装而言的，家装一般指室内家庭空间装修，公装一般指室内公共空间装修；家装和公装同属于室内空间。

家装是对一个家庭居住空间的装修；关于居住，《黄帝宅经》开篇曰："居者，人之本。人因居而立，居因人得志。人居相扶，感通天地。"数语之间道出了"人"与"居"相存共融的关系，揭示了人居空间的哲理内涵。

居住空间承载了一个家庭对温暖、幸福、和谐等物质精神需求和情感归属。

1.1.2　空间

对于空间，老子在《道德经》中曾说："埏埴以为器，当其无，有器之用。凿户牖以为室，当其无，有室之用。故有之以为利，无之以为用。"和泥制作陶器，有了器具中空的地方，才有器皿的作用。开凿门窗建造房屋，有了门窗四壁内的空虚部分，才有房屋的作用。所以，"有"给人便利，"无"发挥了它的作用。

老子通过"有无相生"的观念揭示了我们能利用物质材料技术手段来塑造空间，空间不仅包含门窗墙等有形的实体，还包括空无的部分。

我们可以对空间的塑造，来营造家的氛围。也就是说，空间不是什么也没有。空间是一种容量，空间是可能性。好的空间是一种境界，体现价值的境界。

1.1.3　设计

好的空间境界需要通过设计来实现。

那设计是什么呢？

人想飞，于是设计了飞机。

人想记录生活，于是设计了文字。

人与人想在不同空间交流，于是设计了电话。

设计的本质就是解决问题（图 1–1）。

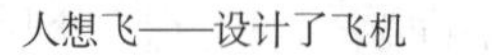

人想飞——设计了飞机　　人想记录生活——设计了文字　　人与人想在不同空间交流——设计了电话

图 1–1　设计的本质是解决问题

不同的空间应该有不同的表情和气质，也应该有不同的处理方法。所以，在住宅室内设计中，我们要通过制定设计策略去解决问题，将甲方的需求、项目所在位置、气候条件、建筑形态、周围环境、造价预算、使用人群、项目未来的功能等一系列条件进行排序后，最后得出一个最核心、最主要的矛盾并优先解决。

比如在下面这个项目中（图 1–2），根据设计者的调研，当下社会存在着很多离婚人士、“不婚族”以及“丁克族”，他们思想前卫、崇尚自由，追求个性化的生活方式，而传统的几室一厅并不能真正配适他们的需求。基于这一主要矛盾，设计者打破了以往对传统空间的定义，通过 5.1m 的挑高式客厅空间以及自由流动的布局还原他们的理想生活状态，以达到艺术之家的氛围格调，使其成为集居住、工作室、会客空间“三位一体”的现代格调生活方式理想范本。

图 1–2　挑高式客厅

1.1.4　家装设计

通过界定了家装、空间与设计的含义，我们就可以对家装设计给出定义。

家装设计就是以家庭及其所居住的空间为对象，通过空间组织、色彩、材料、照明、软装陈设、科技等内容的搭配设计，从而满足使用者的需求。

家装设计的任务是协调空间环境及人的需求关系。

人的需求一般来讲有两个层面：物质需求和精神需求。

物质需求是人最基本的需求。人类为了维持正常的生理活动，摄取营养以维持生命，这需要从外界获取食物、饮水；为了蔽体、御寒以及美观，人们需要服装；为了健康，需要治疗疾病的药物；为了安全和舒适，人们需要居住的场所——住房。

精神需求指人们在精神上的欲望和追求。如人的自尊、发挥自己的潜能、精神上的娱乐等需要。与物质需要相比，精神需要是更高层次的需要。精神需求是人类生活特有和不可缺少的。所谓精神需要，包括尊重、友谊、爱情、审美、道德、求知、才学、理想等。

家装空间设计是孕育生命的摇篮，是表达亲情的港湾。

【任务实训】

任务 1.1	中小户型家装设计概述	页码：

引导问题：了解市场上的家装行业分布情况。

任务内容	组员姓名	任务分工	指导老师

1. 列举市场上营业额排前三的家装设计公司，并说明特点。

公司名称	特点	介绍

2. 调研不同类型人群对家装设计的需求。

人群类型	需求分类	举例

任务 1.2 中小户型家装设计分类

【任务描述】

了解中小户型家装设计分类是学习中小户型住宅室内设计的前提，只有对中小户型做出准确的定义，才能够在后面的课程中做出准确的设计。

1.2 中小户型家装设计分类

相关知识：

1.2.1 户型

户型就是住房的结构和形状。

社会的发展给人们带来生活水平的提高，人们生活需求、经济条件都发生了很大的变化，户型也随着人们需求的不同而发生了巨大的变化。

从以前没有厨房、需要一层楼共用公卫的筒子楼，到后来的单元楼，再到现在精细、多样、充分展现对人的居住多样化的理解以及人文关怀的现代多样化户型，户型的发展也反映了我们国家改革开放所取得的巨大成就！

改革开放，让我们国家的人民走向富裕。从吃饱到吃好，从穿暖到穿好，并向着一切更好发展。现在的我们，享受着先辈们奋斗的成果，所以我们要倍加珍惜现在优越的生活环境，同时要保持先辈们艰苦奋斗的品质。在这个高速发展的时代，我们要运用技术与知识，进取奋斗，让生活更美好，让我们的国家更富强！

1.2.2 户型的分类

户型一般分为平层户型，跃层户型，错层户型和复式户型。

1. 平层户型

一般是指一套房屋的厅、卧、卫、厨等所有房间均处于同一楼层。平层户型基本上没有任何障碍，比如没有台阶，也没有楼梯。相比其他户型，它的功能分区更合理，居住的舒适度也更高（图 1–3）。

2. 跃层户型

跃层户型是指住宅占有上下两层楼面，卧室、客厅、卫生间、厨房及其他辅助用房可以分层布置，上下层之间的交通不通过公共楼梯而采用户内独用小楼梯连接。跃层住宅是一般在首层安排起居、厨房、餐厅、卫生间，二层安排卧室、书房、卫生间等。

跃层户型之所以受到关注和欢迎主要是因为每户都有较大的采光面，通风较好，户内居住面积和辅助面积较大、布局紧凑、功能明确、相互干扰较小。在高层建筑中，由于每两层才设电梯平台，可缩小电梯公共平台面积，提高空间使用效率。跃层户型如图 1-4 所示。

图 1-3　平层户型

图 1-4　跃层户型

跃层户型设计要点：

（1）功能要齐全，分区要明确

跃层户型有足够的空间可以分割，按照主客之分、动静之分、干湿之分的原则进行功能分区，满足主人休息、娱乐、就餐、读书等各种需要，同时也要考虑外来客人、保姆等的需要。功能分区要明确合理、避免相互干扰。一般下层设起居、炊事、进餐、娱乐、洗浴等功能区，上层设休息睡眠、读书、储藏等功能区。卧房又可以设父母房、儿童卧室、客房等，满足不同需要。

（2）中空设计，凸显尊贵

一般客厅部分都是中空设计，使楼上楼下有效结为一体，有利于一楼的采光、通风效果，更有利于家庭人员间的交流沟通，也使室内有了一定的高差，这种立体空间，展现了一份尊贵和大气。正由于有了足够的层高落差，设计时要注意彰显这种豪华感。如在做吊顶时对灯具的款式的选择面更大一些，可以选择一些高档的豪华灯具，以体现主人的生活和思想的品位。

（3）突出重点，楼梯画龙点睛

在装饰档次上，要根据主人的不同需求、不同身份进行设计，突出重点。一般主卧室、书房、客厅、餐厅要豪华一些，客房等则应简洁一些。

楼梯是这类住宅装修中的一个点睛之笔，楼梯一般采用钢框架结构，玻璃材质，以增加通透性，露出楼梯。楼梯形状一般为 U 形、L 形，是为了节约空间。而 S 形旋转楼梯更有弧度的韵味，更有利于突出楼梯，更有现代感，同时空间也变得更加紧凑，从而使空间得到有效利用。楼梯下的空间进行装饰或配置几盆花卉盆景、饲养“虫鱼”，使空间更富有活力和动感。而在楼梯的色彩上，忌过冷或过热的色调，应有冷暖的自然过渡，往往是与扶栏的色彩相互匹配，相得益彰。

（4）扶栏装饰，放飞思想

在充分考虑到安全性的前提下，楼上的扶栏常常注重突出装饰性。大体有圆弧形或直线形，生活中采用曲线形式的比较多，使空间在视觉上有一个灵动的变化。在装饰风格上各有不同的表现形式：欧式以纯色、浅色为主，造型上讲究点、线，大花大线，曲线会多一些；中式的直线会多一些。在材料的使用上，扶栏材质的质地要求会更高一点，如多数选用胡桃木、实木或红木，更显档次。

（5）多样灯具，营造丰盛主义

正因为有了楼层空间的落差变化，所以在客厅灯具的选择上，可以用更高档的灯具来装饰点缀，以备家庭聚会或有重大活动之用。而在其他地方可以使用吊灯、筒灯、射灯、壁灯等，灵活搭配使用，会显得很有韵味和变化。在楼梯附近，要有照明灯光的引导，也是室内效果的点缀。在有挑空客厅的时候，要增加点光源，少用主光源。从实用角度讲，既可以节约能源，又增加了光照度。这样就通过设计不同的灯光，主次明暗的层次变幻，营造出了一种舒适、惬意的居家氛围。

（6）窗帘选择，演绎浪漫

如果有巨型落地窗，窗帘会从二楼一直垂落到一楼地面，一般采用罗马杆或滑竿，简约自然。若是欧式的风格，就很讲究水幔和窗帘的绑带或花钩。主要体现在装饰或配饰这些细节上，以传递主人的品位。季节变化比较明显的地方，一般应做成布窗帘和纱帘两层，一来能阻挡空气中的悬浮物，二来起到隔声的效果。窗帘的颜色和款式的表现上，要与室内主体色调呼应。空间大、光照度强的时候，宜用深色配以图案；空间小，光照度较暗时，可选择浅色。材质要有下垂感和质感。帘子的打开多为平开方式，根据家庭的整体的风格和个人的喜好而定。

图 1-5 错层户型

3. 错层户型

错层户型是指一套房子不处于同一平面，即房内的厅、卧、卫、厨、阳台处于几个高度不同的平面上（图 1-5）。学名为“多层面梯级跃升式住宅”。

多层面梯级跃升式住宅，即一套住宅

有两个以上的层面，但又不是简单的上下两层跃层式住宅房型。

错层户型不同于现在流行的复式或跃层式住宅。虽然错开了住宅的层次，但可以合理有效地控制单套住宅的面积，以楼梯为例，复式楼梯面积上下层均要计算建筑面积，错层式只需计算一层面积，因此错层可设计出 80~90m^2 的住宅，让普通市民有能力买到层面丰富，面积、总价合理的新型住宅。

错层户型的另一个特点是丰富了居家生活的空间层次，许多人在买房装修时，还要特意在房间内做个踏步、设计个平台，目的是要改变传统固有的生活空间，以享受美满的立体生活，错层户型在动静分区，私密性以及舒适性方面有了提高和完善。

另外，错层房型设计对其提升高度有一定限制，同时对抗震性要求较普通住宅更高。由于对通风、采光的要求，亦采用东西向错层为主。

简单来说，一套住房套内部分，除阳台、厨房、卫生间外，房间内高程出现不一致，且高差较小时（一般0.3~0.45m较多），则该套户型称为错层式住宅（套内水平投影面积=套内面积）。

4. 复式户型

复式户型在概念上是一层，并不具备完整的两层空间，但层高较普通住宅（通常层高 2.8m），可在局部做出夹层，安排卧室或书房等用楼梯联系上下，其目的是在有限的空间里增加使用面积，提高住宅的空间利用率（图 1-6）。

图 1-6 复式户型

可以说复式户型是一种经济型住宅，这类户型在建造上仍每户占有上下两层，但实际是在层高较高的一层楼中增建一个夹层，两层合计楼层的高度要大大低于跃层式户型。复式户型的下层供起居用，如炊事、进餐、洗浴等，上层供休息、睡眠用。

复式户型的优点：由于在房间局部加了一层，有效提高了空间的利用率。另外，由于上静下动的设计，复式户型能够做到功能分区明确，最重要的一点就是，隐私性好。

复式户型的缺点：假如房间总层高比较低的话，那么就会很容易导致两层空间都会比较低矮，这样居住起来就会比较憋闷。另外，对于有老人小孩的家庭而言，上下楼也不太方便。因此，在购买复式户型时要注意：首先，最好选择总层高≥ 5m、上层阁楼净高≥ 2.1m 的房子；其次，假如阁楼作贮藏功能，净高也不能低于 60cm；最后，小复式户型避免选择旋转梯。

1.2.3 中小户型的概念

中小户型即中户型和小户型。

现在中户型一般指建筑面积在60~90m^{2}之间的户型；

小户型一般指建筑面积小于60m^{2}的户型。

所以中小户型一般指建筑面积≤90m^{2}的户型。

1. 中小户型适应人群

（1）单身人士

年轻的单身人士事业处于起步阶段，经济能力有限，他们虽然无力购买价格昂贵的房屋，却也不想将就租住别人的房屋。中小户型一般总价较低，是单身人士的最佳选择。

（2）两口、三口之家

相比于大户型，中小户型的房屋总价不高，除了前期需要支付的房款，后期的契税、维修基金、物业费用等也相对较少，因此适合刚结婚的两口、三口之家作为过渡。不仅能使自己的婚后生活没有太大压力，而且购房后的日子因为有一个自己的家可以过得舒适惬意。

（3）老人

很多人会考虑为父母购置养老房，如果母亲与子女分开居住那么中小户型比较合适，一方面方便打扫，另一方面价格便宜。

2. 中小户型的空间划分

（1）根据使用功能需要的划分，中小户型一般可以分为：起居室、客厅、卧室、餐厅、厨房、书房、卫生间等不同性质的空间。

（2）根据居室的数量划分，中小户型一般可以分为：一居室、两居室和三居室。

1）一居室在户型中属于典型的小户型，通常是指一个卧室、一个起居室、一个卫生间、一个厨房。

其特点是功能集中，在很小的空间内安排多种功能，包括起居、会客、存储、休闲等，因其面积小，价格相对较低。

2）两居室指的就是拥有两间卧室的户型。两居室一般包括两间卧室、一间起居室、一间厨房和一间卫生间。

其特点是户型适中，方便实用。

3）三居室指的就是拥有三间卧室的户型。三居室一般包括三间卧室、一间起居室、一间厨房和一至两个卫生室。

其特点是功能齐全、相对宽敞。

【任务实训】

任务 1.2	中小户型家装设计分类	页码：

引导问题：了解市场上的楼盘案例户型相关情况。

任务内容	组员姓名	任务分工	指导老师

1. 收集楼盘户型案例相关信息。

类型	图片	面积	介绍

2. 调研不同类型人群对户型的需求。

人群类型	需求分类	举例

任务 1.3　中小户型家装设计原则

【任务描述】

1.3　中小户型家装设计原则

了解中小户型家装设计原则是学习中小户型住宅室内设计的前提，只有对中小户型家装设计原则做出准确的定义，才能够在后面的课程中做好设计。

相关知识：

设计首先是一种预想，是行动前有计划的考量。那么，当对中小户型家装进行设计前，应该遵循哪些原则呢？

1.3.1 功能性原则

首先是功能性原则，中小户型家装设计从属于建筑整体设计，它是对各种环境要素进行整合的设计，同时也是为所使用的人服务的设计，因此功能性原则是很重要的设计原则。对于室内设计师而言，最重要的不是个人意志的体现、个人风格的突出、个体工作方式的追求，而是如何使设计追求的创造性与使用需求的实用性相吻合，使室内设计语言的独特性与建筑空间的规则性相融合，使设计工作的个人性与系统的群体性相结合，这些反映在设计中的统一性要求。

图 1-7 某单身公寓

如某单身公寓，如图 1-7 所示的室内空间，由于面积较小，无法硬性地划分各部分功能区域，所以在进行室内设计时，就要使用一些设计手法，例如通过抬高地面，并通过材质的变化来划分卧室空间，将室内设计的功能性与实用性完美地结合起来。

功能性原则对家装设计在尺度、生理、生活等方面都具有一定的要求。人在室内活动时需要一定的活动空间，在生理上，需要健康和节能降耗的设计，良好的通风设计可以保持空气清新，有益身体健康。解决这些问题，可以通过建筑朝向、开窗方式、空间的通透度及导风设计来实现。同时它需要充足的光线，阳光则是自然的馈赠，是健康的象征，可以使人愉悦、向上、开朗。室内的温度和湿度决定了人体的舒适度，设计师可以通过建筑保温、隔热通风、环境设计改善室内环境。

1.3.2 艺术审美性原则

家装设计的目标之一，就是根据人们对生活、学习、交往、休闲等多种行为方式的要求，不仅在物质层面上满足人们对实用及舒适程度的要求，同时最大限度与视觉审美方面的要求相结合，这就是室内设计的艺术审美性原则。

如某客厅空间（图 1-8）的设计能够给人带来强烈的个性感与艺术感。沙发背景墙的中式山水设计，给人一种复古感，再搭配上现代灯光元素，使空间的表现更加富有艺术性。在该空间中，沙发与家具的黑白强对比搭配，同时点缀红色的枫叶，使空间更具热情与活力。

图 1-8 某客厅空间

在家装设计的审美需求中，包含的元素是多元化的，例如，表面装饰材料的运用与处理就包括材质的肌理效果、色彩效果、触觉效果、心理效果、综合对比效果等，但总的原则应该是室内空间创造的整体统一。在美学理论上，任何形式与任何材料作为局部，都有其在审美效果上的合理性，但是局部结合成一个整体时，更看重的是各部分审美特性的融合与协调。

在该客厅空间的设计中，统一使用木纹及木质材料作为室内重要的装饰材料，包括山水背景墙，树枝装饰、木头桩置物台，木质柜子，使得室内空间的艺术表现更加统一，给人一种身处大自然的感觉。

1.3.3 生态性原则

家装设计需要尊重自然、关注环境、保护生态。在进行室内设计时应该考虑节约资源。在现实生活中，现有的资源是有限的，作为设计师应该做到尊重原生态，使用绿色材料。倡导低碳生活，降低能源消耗，是现代家装设计的必然要求。

某室内空间的设计充满了东南亚异域风情（图 1–9），在室内多使用源自大自然的材料包括木质家具、藤条编织的装饰艺术品、麻质地毯以及陶器花瓶和绿色植物，这些都是一些原生态的绿色装饰材料，使空间给人生态、简朴、自然的印象。

图1-9 某东南亚风格室内空间

1.3.4 人本主义原则

人本主义原则是指室内设计始终要以满足人们活动的需要为核心。设计应该本着人本主义原则，全心全意为人服务。针对不同的人、不同的适用对象，考虑他们不同的要求。现代室内设计需要满足人们的生理、心理等方面的要求，需要综合处理人与环境、人际交往等多项关系，需要在为人服务的前提下，综合解决使用便捷、舒适美观、环境

图 1-10　某儿童房

氛围等要求。

如在某儿童房中（图 1-10），使用多种高纯度的色彩进行搭配，使得空间的色彩表现非常丰富，其中的卡通人物搭配，使整个空间充满童趣，整体给人一种热闹、活跃的氛围。

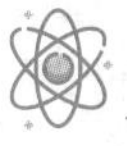

【任务实训】

任务 1.3	中小户型家装设计原则	页码：

引导问题：了解市场上的家装户型运用了哪些设计原则。

任务内容	组员姓名	任务分工	指导老师

1. 收集市场上的家装户型运用了哪些设计原则。

名称	图片	面积	介绍

2. 调研不同类型人群对设计原则的需求。

人群类型	需求分类	举例

任务 1.4 中小户型家装设计程序与步骤

【任务描述】

室内家装设计是对建筑物内部空间的规划、布局和设计。这些物质设施满足了我们寻求遮蔽和保护等基本需求；它们给我们提供了一种活动平台，并影响我们的活动方式；它们培养了我们的愿望，并表达了伴随我们活动的思想；它们影响我们的观点、情绪和个性。室内设计的目的是改进室内空间功能、增加美感和提高心理舒适感。

任何设计都是将部分组织起来，形成一个连续的整体，以达到解决问题的目的。在室内设计中，根据功能、美学和行为向导等因素，将被选择的物体组合成三维的空间模式。这些模式所产生的元素之间的关系最终决定了一个室内空间的视觉品质和功能舒适性，并且影响我们对它的感知和使用。

1.4 中小户型家装设计程序与步骤

在室内空间设计中，控制整个设计程序与设计进度是设计师的工作重点之一。整个设计工作中，程序与步骤是整个设计任务的全局性方向。

相关知识：

1.4.1 现有条件的调研与考察

对于使用者的设计要求，现状条件的调研与考察非常重要。其中，使用者的要求、活动要求（性质）、家具设备要求、空间分析、面积要求、品质要求、关系要求是调研的基础。

使用者的要求调研包括使用者的人数，需求、喜好等内容；在活动要求方面，需要确定的是空间需求、空间使用率、光线、声音等要素；在家具设备方面，需要决定各项家具及设备需求，并确定所需求的空间品质，再决定可能的布置方式；在空间分析方面，需要测量和勾画原始平面图和原始立面图，分别对原始空间进行分析；在面积要求方面，需要决定所要求的空间与家具组合的面积，决定活动与空间面积之间的搭配关系；在品质要求方面，决定空间环境的风格、满足使用者的品质需要；在关系要求方面，调研室内与室外、房间与邻近空间的内在关系，满足各区域的划分要求。

以上内容的调研主要来自对于业主和使用者的访谈与沟通，对于现有条件的调研与周围环境的分析。这一步是设计的基础与数据支撑。越加详细分析，对于后边的设计越加有利。

1.4.2 方案与概念的形成

调研完成之后，我们要将调研所产生的想法逐渐清晰与明确成一个概念，无论这个概念多么简单，它都必须是符合与业主沟通以及调研基础上所形成的概念。这一阶段中的概念，也许只是需要设计空间当中的一部分、很小的局部、一个颜色概念或是一种材料。这些小的概念点，将在后边的设计工作中逐渐延伸演变成整体设计。

这一阶段的概念，主要是通过草图的形式呈现，因为草图的表达是一种思维形态的纸面再生。虽然草图带有很强的不确定成分，但是它的随意性与快速性都表明其是明确初期概念的重要手段。

概念的逐步完成要通过多次的分析与尝试。这其中必须保持与业主（甲方）的及时沟通。

1.4.3 方案的明确

在方案的某些概念明确之后，就进入整体的设计阶段。这个阶段将延续上一个步骤。根据概念，分析整个空间，完善深化概念。其间草图大师、Photoshop 和 CAD 都是很好的表现工具。对于整个空间，这一阶段对于使用者的习惯分析、风格、颜色、照明、材料等都要有全面考虑。这些内容必须基于调研与概念的基础上。

1.4.4 方案的深化

这一阶段当中，设计师结合详细的现状条件，将设计呈现在效果图的表现中，并做到效果图概念在实际实施时可以实现为准则。

1.4.5 方案的确认与实施

完成了全面的空间方案设计之后，在与业主充分沟通的情况下，设计将进入确认实施阶段。这一阶段对于地面、天花板、墙面等主界面都要进行详细的图纸绘制。这一过程主要依靠施工图来体现。

1.4.6 施工实施阶段

在施工之前，设计人员应及时向施工单位介绍设计意图，解释设计说明及图纸的技术交底；在实际施工阶段中，要按照设计图纸进行核对，并根据现场实际情况进行设计的局部修改和补充（由设计部门出具修改通知书）；施工结束后，协同质检部门进行工程验收。

1.4.7 方案评价阶段

用户对方案进行综合评价。

以上各部分，是整个室内家装设计的主要程序和步骤，各个步骤互相融合、贯通。

【任务实训】

任务 1.4	中小户型家装设计程序与步骤	页码：

引导问题：了解中小户型家装设计程序与步骤。

任务内容	组员姓名	任务分工	指导老师

收集市场上的家装户型设计程序与步骤的相关资料。

程序与步骤名称	图片	介绍

项目 2

室内设计风格

知识目标：1. 了解中小户型室内设计的欧式风格；
2. 了解中小户型室内设计的中式风格；
3. 了解中小户型室内设计的其他地域风格；
4. 了解中小户型室内设计的现代风格。

技能目标：完整设计并且绘制一套中小型家装室内设计风格图。

素质目标：培养创新意识和设计思维，能在实践中合理运用已有的知识和技能，提出新颖的设计方案，并能够将其具体落实到实践中。

【思维导图】

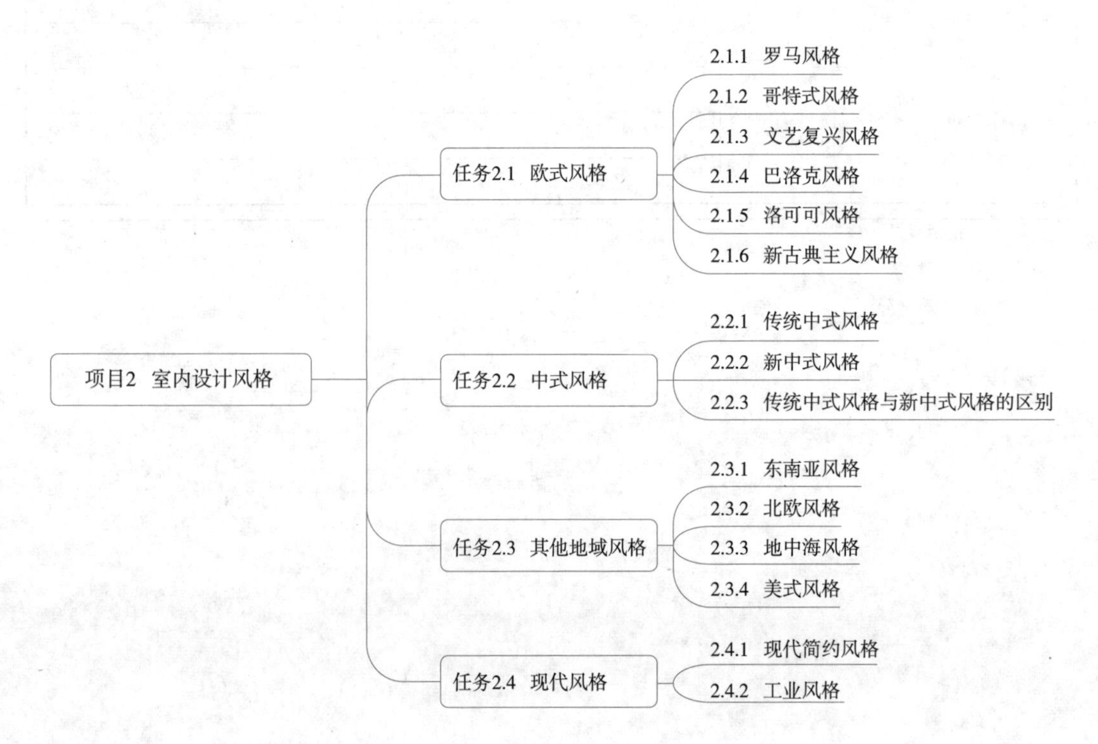

任务 2.1 欧式风格

【任务描述】

了解什么是室内设计风格是学习住宅室内风格设计的前提，只有对室内设计风格概念做出准确的定义，且对欧式风格概念有深入的认识，才能够把握欧式风格设计本质，并在后面的课程中做出优秀的设计。

2.1 欧式风格

相关知识：

室内设计的风格和流派往往是和建筑以及家具的风格和流派紧密结合的。不同室内风格的形成不是偶然的，它是受不同时代和地域的特殊条件的影响，经过创造性的构想而逐渐形成，是与各民族、地区的自然条件和社会条件紧密联系在一起的，特别是与民族特性、社会制度、生活方式、文化思潮、风俗习惯、宗教信仰等条件都有着直接的关联。同时，人类文明的发展和进步是个连续不断的过程，所有新文化的出现和成长，都是与古代文明相关联的，这就使室内环境凸显了民族文化渊源的形象特征。

欧式风格，是来自于欧洲古典装饰艺术风格的统称。是一种追求华丽、高雅的古典风格。以华丽的装饰、浓烈的色彩、精美的造型达到雍容华贵的装饰效果。主要体现高贵神圣、精致奢华典雅的主题。建筑及室内常用对称布局的方法。最典型的古典风格从14 世纪文艺复兴运动开始，到 16 世纪后半叶至 18 世纪的巴洛克及洛可可时代的欧洲室内设计样式。在之前还经历了有代表性的古罗马与哥特式风格。这类风格都有共同的特征：以室内的纵向装饰线条为主，包括家具腿部所采用的兽类爪子，椅背等处采用轻柔幽雅并带有古典风格的花式纹路，豪华的花卉古典图案、著名的波斯纹样、多重褶皱的罗马窗帘和格调高雅的烛台、油画及艺术造型水晶灯等装饰物都能完美呈现其风格。

2.1.1 罗马风格

自罗马帝国时期开始，室内装饰结束了朴素、严谨的共和时期的风格，开始转向奢华、壮丽。由于罗马大部分建筑是由教堂衍化而来，这类建筑室内窗少，导致室内较阴暗，因此多采用室内浮雕、雕塑的装饰来体现其庄重美和神秘感。

券柱式造型是罗马建筑最大的特征，造型为两柱之间是一个券洞，形成一种券与柱大胆结合而极富韵味的差异装饰性柱式，这成为西方室内装饰最鲜明的代表。广为流行和实用的有罗马塔司干柱式、多立克柱式、爱奥尼柱式、科林斯柱式及其发展创造的罗马混合柱式，其集中体现在拱门、圆顶、券拱结构上（图 2-1）。

典型的古罗马住宅为列柱式中庭，有前后两个庭院，前庭中央有大天窗的接待室，后庭为家属用的房间，中央用于祭祀祖先和家神。房屋内部装饰精美，有门窗的地方往往用木制百叶窗，在没有窗户的墙壁上通常都用镶框装饰，并绘制精美的有透视效果的壁画，室内墙面常用蓝色和棕色，也有植物、花卉、动物和鸟类风格的花边。地面一般采用精美的彩色地砖铺贴，实用美观；而相对高档一些的建筑地面则铺设大理石，花岗石应用也较为普遍。

古罗马家具设计多从古希腊衍化而来，家具厚重，装饰复杂且精细，全部由高档的木材镶嵌美丽的象牙或金属装饰打造而成。家具多采用三腿和带基座的造型，增强了坚固度；款式有旋木腿的座椅、靠背椅、躺椅、桌子、柜子等。除了木家具之外，在铜质、大理石家具方面，古罗马也取得了巨大成就，其家具多雕刻装饰有兽首、人像和叶形花纹装饰。古罗马家具在装饰上的技巧有雕刻、镶嵌、绘画、镀金、贴薄木片和油漆等；在雕刻方面的题材有：带翼状人或狮子、胜利女神、花环桂冠、天鹅头或马头、动物脚、动物腿、植物等。古罗马家具中较常见的植物图案是莨苕叶形，这种图案的特性在于把叶脉精雕细琢，看起来高雅、自然。罗马风格家具如图 2-2 所示。

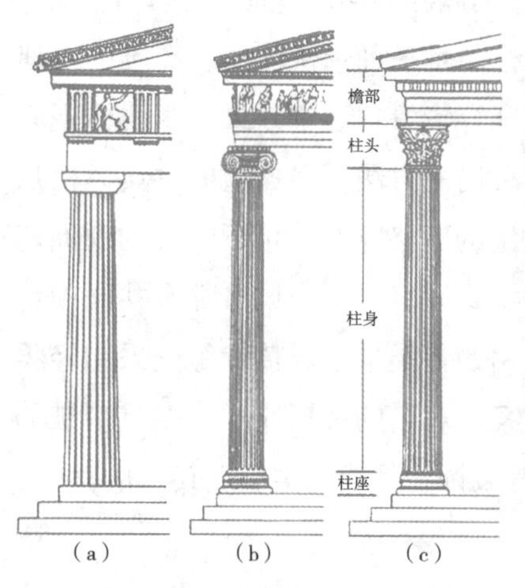

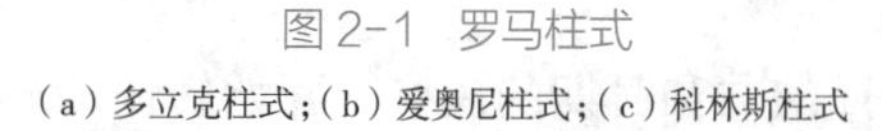

图 2-1　罗马柱式

（a）多立克柱式；（b）爱奥尼柱式；（c）科林斯柱式

图 2-2　罗马风格家具

2.1.2　哥特式风格

哥特式风格通常表现得古典庄严、优美神圣，哥特式建筑于 11 世纪下半叶发源于法国，13~15 世纪流行于欧洲的一种建筑风格，常被使用在欧洲教堂，修道院、城堡、宫殿、会堂以及部分私人住宅中，其基本构件是尖拱和肋架拱顶，整体风格为高耸消瘦，其基本单元是在一个正方形或矩形平面四角的柱子上做双圆心骨架尖券，四边和对角线上各一道，屋面石板架在券上，形成拱顶，其中多为尖拱和菱形穹顶，以飞拱加强支撑，使建筑得以向高空发展。室内有竖向排列的柱子和尖形向上的细花格拱形洞口，窗户上部有火焰装饰以及卷蔓、螺形纹样（图 2-3）。

14 世纪末，哥特式室内装饰向造型华丽、色彩丰富明亮的风格转变，许多华丽的哥特式宅邸中通常会有彩色的花窗（图 2-4）、刺绣帷幔和床品、拼贴精致的地板和精雕细琢的木制家具，使用金属格栅、门栏、木制隔间，石头雕刻的屏风和照明烛台等作为陈设和装饰。材料方面主要使用榆木、山毛榉和橡木，同时使用的还有金属、象牙、金粉、银丝、宝石、大理石、玻璃等材料。哥特式家具主要有靠背椅、座椅、大型床柜、小桌、箱柜等，每件家具都庄重、雄伟，象征着权势及威严，极富特色。当时的家具多采用哥特式建筑主题如拱券、花窗格、四叶式建筑、布卷褶皱、雕刻和镂雕等设计家具；哥特式柜子和座椅多为镶嵌板式设计，高耸的尖拱、三叶草饰、成群的簇拥柱、层次丰富的浮雕是当时的特点，既可用来储物，又可用来当作座位。

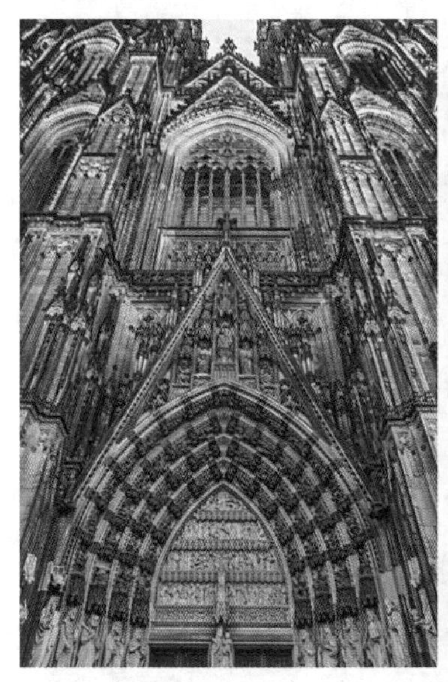
图 2-3　哥特式风格

图 2-4　哥特式风格花窗

2.1.3　文艺复兴风格

文艺复兴风格是 15~19 世纪流行于欧洲的建筑风格，起源于意大利佛罗伦萨基于对中世纪神权至上的批判和对人道主义的肯定，建筑师希望借助古典的比例来重新塑造理想中古典社会的协调秩序。所以一般而言文艺复兴风格讲究秩序和比例，拥有严谨的立面和平面构图以及从古典建筑中继承下来的柱式系统。设计时非常重视对称与平衡原则，强调水平线，使墙面成为构图的中心（图 2–5）。现代西方设计风格很大一部分起源于文艺复兴时期。

文艺复兴时期的建筑与室内空间的装饰相对之前的风格更加舒适而优雅。设计理念上追求现实，反对神性，界面用壁画、雕塑的方式来延伸真实的空间；横梁、边框和镶边也会根据房屋主人的喜好和财力进行不同程度与不同风格的雕刻与装饰。地板常以瓷砖、大理石或砖块拼接的图案铺设。室内的家具掀起了模仿古希腊、古罗马家具的高潮，并在其基础上增加了新的创造元素，多采用直线式样，多不露结构部件，强调表面雕饰并运用细密描绘的手法配以古典的浮雕图案。在材料方面多以胡桃木、桃花心木等名贵木材制作；随着传统古董和经典艺术越来越被人们欣赏，在室内装饰陈设方面更加华丽和丰富，会应用大量的丝织品、帷幔、靠枕和许多其他的家纺用品，色彩较鲜艳、题材丰富。

2.1.4 巴洛克风格

巴洛克风格是一种复杂、奢侈与浮夸的艺术，在建筑方面强调华丽、壮观、雄伟、炫耀，一派恢宏壮丽的帝王气象。墙和天花板都有修饰，有些隔断也用立体的雕塑装饰，或带有人像和花草元素，它们有些涂上各种颜色，并融入彩绘的背景之中，创造了一种充满动感、人像密集的幻觉空间。造型上以椭圆形、曲线与曲面几何图形等极为生动的形式，突破了古典及文艺复兴的端庄、严谨和谐、宁静的规则，强调变化和动感。打破建筑空间与雕刻和绘画的界限（图 2–6）。

现代巴洛克风格是一种恰到好处的精致，但不同于传统的富丽堂皇，现代巴洛克多了几分清新淡雅，当这样的设计与平凡的家庭相结合时，那种与生俱来的艺术气息为平淡的生活带来了无尽的浪漫。在装饰效果上类似于宫廷风，却又比皇室贵族的严苛多了一分自然感。

图 2–5 文艺复兴风格

图 2–6 巴洛克风格

现代巴洛克风格家具造型，用华丽渲染奔放热烈的生活。无论是椅子还是沙发，在巴洛克风格式样的装修中，我们总能够找到这样的感觉。给人感官上的刺激，激发人的创造力和想象力，这就是现代巴洛克风格装修所要表达的精神（图 2–7）。

2.1.5 洛可可风格

洛可可艺术具有轻快、精致、细腻、繁复等特点，喜欢用弧线和 S 形纤细曲线装饰、采用不对称手法，纤弱娇媚、华丽精巧、甜腻温柔、纷繁琐细。洛可可风格在室内的演绎有以下特点：

（1）色彩娇艳：室内墙面粉刷通常使用粉红、玫瑰红等鲜艳的浅色调，室内护壁板会使用木板，或者精致的框格。

（2）细腻柔媚：通过采用不对称的手法布置，弧线、S 形线等都是洛可可风格常用的设计。

（3）经常使用玻璃镜、水晶灯强化效果。

如今的洛可可风格可以是保留诗意而富浪漫色彩的，即便在过去其代表着娇纵恣意的奢靡写照。蜿蜒曲折的石膏线和丰盈精巧的家具造型都是洛可可风格设计里不可缺少的重要装饰（图 2–8）。

2.1.6 新古典主义风格

新古典主义反对形式上的奢华，追求深层次的内涵，提倡以简练的形式传达高雅情趣。注重整体色调的完整表达，罗马柱式在室内设计中的应用占比很多。新古典主义装

图 2–7 现代巴洛克风格

图 2–8 洛可可风格

修风格从 21 世纪初开始在中国家装界流行起来，它利用现代的手法和材质还原出家居古典气质，兼备古典与现代的双重审美效果，在享受物质文明的同时得到精神上的慰藉。

新古典主义传承了古典主义的文化底蕴、历史美感及艺术气息，同时将繁复的家居装饰凝练得更为简洁精雅，为硬而直的线条配上温婉雅致的软性装饰，将古典美注入简洁实用的现代设计中，使得家居装饰更有灵性。风格在室内的演绎有以下特点：

（1）简化线条：一方面保留了材质、色彩的大致风格，另一方面摒弃过于复杂的肌理和装饰。

（2）折中主义：去除线条上过多的繁杂装饰；保留细节，保留镶花刻金。保留了材质、色彩、风格，摒弃过于复杂的线条、装饰、肌理，却没有丢失性格。

【任务实训】

任务 2.1	欧式风格	页码：

引导问题：了解家装市场上的欧式风格分类情况。

任务内容	组员姓名	任务分工	指导老师

1. 列举市场上最流行的三种欧式风格，并说明特点。

风格	特点	介绍

2. 调研不同类型人群对欧式风格的需求。

人群类型	需求分类	举例

任务 2.2　中式风格

【任务描述】

2.2　中式风格

了解什么是室内设计风格是学习住宅室内风格设计的前提，只有对室内设计风格概念做出准确的定义，且对中式风格概念有深入的认识，才能够把握中式风格设计本质，并在后面的课程中做出优秀的设计。

相关知识：

2.2.1　传统中式风格

传统中式建筑室内有藻井式的顶棚、特色的构件和装饰。室内多采用对称式布局，以木料装修为主，格调高雅、造型优美、色彩浓重而成熟，多为黑色、红色。其中以明清时期发展为代表，明式古典的室内陈设讲究造型简洁完美，组织严谨合理，善用恰到好处的装饰和亮丽自然的木质。清式古典的室内陈设方面讲究风格华丽、浑厚庄重、线条平直硬拐、装饰感强，造型通常有很多雕花，家具颜色常以深棕、棕红、褐、黑为主，靠垫用绸、缎、丝、麻等做材料，表面用刺绣或印花图案做装饰，多为龙、凤、龟、狮、蝙蝠、鹿、鱼、鹊、梅等较常见的中国吉祥装饰图案，而饰品搭配方面常以红、绿、黄等丝质布艺织物；在墙面的装饰物品上有手工织物（如刺绣的窗帘等）、中国山水挂画、书法作品、对联和窗棂等，地面铺手织地毯。除此之外，室内陈设还包括匾幅、挂屏、盆景、瓷器、古玩、屏风、博古架等，追求一种修身养性、崇尚自然情趣的生活境界；工艺上精雕细琢、富有变化，充分体现出中国传统美学的精神。

2.2.2　新中式风格

新中式是在传统中式风格上的一种创新，是后现代主义设计思潮下对中式风格的继承和发展，以极其简单的造型去完成整个居住空间的设计。

新中式风格的家具搭配多半是中式家具与现代家具的结合，新中式风格的家具一般选取明式家具，使空间更加隽永古朴、淳朴大方。其色彩可淡雅，富有中国画意境的高雅色系，以白色、自然色为主，体现出含蓄沉稳的空间特点。

同时色彩也可鲜明，并富有民族风味的色彩，如红色、蓝色、黄色等，灵动的色彩在空间中交相辉映，为新中式风格空间营造出热烈、欢庆的别样氛围（图 2–9）。

图 2-9　新中式风格

2.2.3　传统中式风格与新中式风格的区别

1. 颜色浅了

在传统中式风格中，整体空间会以深色厚重为主。整体厚重的色彩，容易让小户型显得压抑，因此在现代人的新中式风格中，整个空间的色彩会比较浅淡，看起来会有种简约的氛围（图 2-10）。

（a）

（b）

图 2-10　整体空间色彩对比

（a）传统中式风格；（b）新中式风格

2. 家具瘦了

在传统中式风格中，家具（尤其是沙发）往往是体积比较大的实木材质的，讲究的是一种尺寸上的“大气”，这样的大尺寸家具，放在小户型的空间里，难免会显得太拥挤；新中式风格中，同样保持木质的家具，但一般都是会在家具造型上做“瘦身”设计，家具外形整体更加简洁（图 2–11）。

（a）

（b）

图 2–11　家具对比

（a）传统中式风格；（b）新中式风格

3. 硬装简了

传统的中式风格，在墙面、天花板上会加入比较多繁杂的设计，以营造稳重端庄的空间氛围感，然而在中小户型中，这样繁杂的设计造型，容易让空间显得更加沉闷压抑；在新中式风格中，往往会简化这些硬装，比如大白墙这样极简的设计，在新中式中经常使用，而原本复杂的背景墙造型，也会以墙纸或墙布等比较轻便的元素来代替。

4. 质感软了

传统中式风格的家具质感上，往往都是采取纯实木材质为主，比如沙发、餐椅、床铺都是以红木材质打造；而在新中式风格中，为了缓解实木家具的压抑厚重质感，往往会在沙发、餐椅与床头靠背上加入布艺或皮艺的坐垫或靠背，让空间看起来更加松软、用起来也更加舒适。

5. 软装多了

在传统的中式风格中，一般是以家具布置为主，软装的话都是少量加入陶艺、花鸟等元素；而新中式风格中，因为整体风格偏向简约年轻化，因此软装方面就会更“软”、选择更多，比如多肉盆栽、精致的小饰品，都可以加入到新中式风格的空间里。

6. 意境更讲究了

传统中式风格的硬装造型比较多，想要营造空间的中式意境是比较容易做到的事，比如可以加入月亮门、屏风等设计来彰显中式氛围；然而在新中式风格中，因为空间有限、又不能太繁杂，想要营造中式意境的时候，细节设计要更有讲究，一般可以通过细节软装搭配、圆形的墙洞或造型等方式，再加入灯光烘托来设计。

总的来说，相比传统的中式风格，新中式风格要加入更多年轻化的设计元素，整个空间会偏向简约化，更加符合年轻人的审美。

【任务实训】

任务 2.2	中式风格	页码：

引导问题：了解家装市场上的中式风格分类情况。

任务内容	组员姓名	任务分工	指导老师

1. 列举市场上最流行的三种中式风格，并说明特点。

公司名称	特点	介绍

2. 调研不同类型人群对中式风格的需求。

人群类型	需求分类	举例

任务 2.3 其他地域风格

【任务描述】

了解什么是室内设计风格是学习住宅室内风格设计的前提，只有对室内设计风格概念做出准确的定义，且对地域风格概念有深入的认识，才能够把握地域风格设计本质，并在后面的课程中做出优秀的设计。

相关知识：

2.3.1 东南亚风格

东南亚风格是一种结合了东南亚民族岛屿特色及精致文化品位的家居设计方式。总体来说，它是一种混搭风格，不仅和泰国、印尼等东南亚国家有关，还代表了一种氛围。东南亚风格重细节和软装饰，喜欢通过对比达到强烈的效果。

东南亚装修风格在色泽上以原木色色调或褐色等深色系为主，局部点缀艳丽的颜色，如青翠的绿色、鲜艳的橘色、明亮的黄色、低调的紫色。这些颜色搭配在一起，就能成功地呈现东南亚风格的特色。

东南亚位于比较富饶的热带，在家居设计上多取材自当地，比如藤、木皮等天然材料，而且大部分东南亚家具都采用两种以上不同材质混合编制而成。东南亚装修风格的家居物品多用实木、竹、藤、麻等材料打造，这些材质会使居室显得自然古朴，仿佛沐浴着阳光雨露般舒畅。取材自然是东南亚风格装修最大的特点。

布艺软装是东南亚风格装修的最佳搭档，用布艺装饰适当点缀能避免家具单调气息令气氛活跃。在布艺色调的选用，东南亚风格标志性的炫色系列多为深色系，沉稳中透着贵气。当然，搭配也有些很简单的原则，深色的家具适宜搭配色彩鲜艳的装饰。

东南亚风格有很多佛教的元素，像佛像、烛台、佛手这样的工艺品也很常见。所以想要打造地道的东南亚风格特点的居室，这些装饰品必不可少（图 2-12）。

图 2-12 东南亚风格

2.3.2 北欧风格

北欧风格的装修多侧重于对自然装修的呈现，也是对室内装修一种艺术设计的呈现，具有简洁、自然、人性化的特点。它影响了后来的“极简主义”“后现代”和其他风格。在20世纪风起云涌的“工业设计”浪潮中，北欧风格的简约性被推向了极致（图2-13）。

图2-13 北欧风格

由于地理位置缘故，北欧纬度很高，冬季漫长又黑暗，因此北欧设计风格的内部装饰通常是白色的，并且尽可能让更多的自然光照进家里，而色彩的使用则让整个空间保持统一，均匀而明亮。在北欧风格中，低饱和度的蓝色和绿色也较为普遍。

无论是地板装饰还是墙面装饰，甚至橱柜、玩具，在北欧风格的设计中，到处都可以看见大量木质元素使用的影子，但并非所有的木材都适合。为了配合空间整体的明亮环境，北欧设计中常用的是浅色系的木材，比如山毛榉、白蜡木、松木等。除了原木色的木材之外，北欧室内装饰风格常用的装饰材料还有石材、玻璃和铁艺等，但都无一例外地保留这些材质的原始质感。北欧风格在窗帘地毯等软装搭配上自然元素材质，如木、藤、柔软质朴的纱麻布品等天然质地。

北欧风格在空间设计方面一般强调室内空间宽敞、内外通透，极大限度引入自然光。在空间设计中追求流畅感；墙面、地面、天花板以及家具陈设乃至灯具器皿等，均以简洁的造型、纯洁的质地、精细的工艺为其特征。相对于杂乱的空间来说，保持空间整洁的前提是尽可能少的装饰。让装饰物保持在一个最低的限度，但简约并不等同于简单，仍有一些焦点会被突出。

绿色植物可谓是北欧风格设计中的一大亮点，小小的一抹绿意就能让整个空间变得清新又自然，房间的品位也不自觉地上升了一个档次。

2.3.3 地中海风格

地中海位于亚、欧、非三大洲之间，四周环绕数十个国家。根据地域的不同，地中海风格也略有区别，具体分为5种：希腊地中海、意大利地中海、法式地中海、北非地中海以及西班牙地中海。

希腊地中海风格就是我们经常看到的蓝白相间的海洋感风格。大面积的蓝与白，清澈无瑕，复古的大地色地砖，诠释人们对蓝天白云及碧海银沙的无尽渴望。

与蓝白清凉的风格不同是，意大利地中海软装设计更钟情于阳光的味道。拼贴的仿古砖、精致的铁艺装饰和生机勃勃的绿植让我们感受到来自南意大利的热情。白与蓝依旧是主色，整体布局凸显海与天的明亮，运用拼贴的仿古砖以及精致的铁艺装饰加以融合，大量绿植摆放在庭院，呈现生机勃勃的景象，拱门与半拱门以及马蹄状的门窗是它的显著特点，整体设计强调用垂直的线条衬托空间的高耸峻峭。

法式地中海在软装设计上讲求心灵的自然回归，给人一种扑面而来的浓郁气息。简单朴实的家具，精美的雕刻艺术品，宽阔的落地窗都给人一种悠然自得的生活体验和阳光般明媚的心情。软装设计追求自然归属，仿佛一股浓郁气息扑面而来。简单朴实的家具搭配精美的雕刻艺术造型，彰显古朴与雅致，宽阔的落地窗设计则能捕捉大量光线，使人享受到悠闲惬意的生活。

北非地中海风格因所处环境，运用大量的红褐和土黄色来装饰室内。除此之外，这里的手工艺术非常盛行，鲜艳的纺织品和藤编制品为这原生态室内增添了许多色彩。

图2-14　地中海风格

由于西班牙深受宗教影响，其风格更加具有沉稳、内敛、厚重的一面，选色方面追求一贯的古朴。西班牙地中海风格一般选择自然的柔和色彩，在组合设计上注意空间搭配，力求大方、自然，让人感受到地中海风格家具软装饰散发出的田园气息和文化品位。地中海风格如图 2–14 所示。

2.3.4　美式风格

美式风格顾名思义是来自于美国的装修和装饰风格。美国是个殖民地国家，也是一个新移民国家，将来自全球各地的民族文化融为一体，孕育出兼容并蓄的美式风格。因此，美式风格又称为联邦式风格（图 2–15）。

美式风格的分类也很多，例如美式经典、美式新古典、美式乡村、现代美式等。

美式经典的优雅的品位完全没有受限于时间。经历了各式欧洲装饰风潮的影响，仍

图2-15 美式风格

永远保有精致细腻的气质。美式传统古典风格在颜色上以深红、绿及驼色等深色为主要基调。装饰品以古董、黄铜把手、水晶灯为重点，墙上采用颜色较为丰富且质感浓稠的油画作品。

美式新古典风格虽然摒弃了过于复杂的肌理、简化了线条，但仍然可以很强烈地感受传统的历史痕迹与浑厚的文化底蕴。新美式古典非常注重软装饰，非常适用于混搭。它兼具了古典与现代的气质，且风格十分随意。

美式乡村风格又称为美式田园风格，强调“回归自然”，在家居中力求表现简洁明快，温暖舒适的氛围，巧于设置室内绿化，创造自然、简朴的气氛。色彩淡雅，特别是在墙面色彩选择上，自然、怀旧，散发着浓郁泥土芬芳的色彩是美式乡村风格的典型特征。美式乡村风格的色彩以自然色调为主，白色、绿色、土褐色最为常见。大量运用纺织品，如窗帘、地毯等，最爱用大花纹饰，热衷于植物和鲜花图案。通常还有多种装饰，木雕、瓷器、屏风、金属制品等。虽然装饰丰富，但丝毫没有金闪闪的土豪气，有一种见惯大世面的淡定自如，还是能看到粗犷务实的本质。

现代美式风格的配色主体不再以绿色和棕色为主，而是将其无限扩张，融入更为丰富的鲜艳色调，以互补、对比等形式呈现，来形成一种新的视觉张力以及空间感知。其中，比邻配色是一种主流搭配手法，灵感来源于美国国旗，通过红、蓝搭配来形成视觉冲击，营造出带有活力以及灵气的空间氛围。

除此之外，红、绿相搭也是一组常用比邻配色，其使用之下呈现的效果，同样带来了极强的视觉冲击。木材、天然石材，如岩板、实木、大理石、花岗石等，依旧会占有一定的比重，但相对于传统美式来说有明显的下降。多增加了一些金属、玻璃、铁艺、黄铜等材质搭配，使得整体空间更为丰富和多元。家具造型摒弃原先的厚重感，造型简洁、线条利落。偶尔有弧形家具相匹配，也能营造一种舒适、自然及现代的感觉。沙发选取上，以布艺和皮质为主。布艺木质组合、皮质铁艺组合，都是一种令人欣喜的展现。装饰物品，如窗帘、桌布、框画、摆件、地毯等，色泽明亮、造型各异，常与整体形成反差，来丰富整个空间。

【任务实训】

任务 2.3	其他地域风格	页码：

引导问题：了解家装市场上的地域风格分类情况。

任务内容	组员姓名	任务分工	指导老师

1. 列举市场上最流行的三种地域风格，并说明特点。

公司名称	特点	介绍

2. 调研不同类型人群对地域风格的需求。

人群类型	需求分类	举例

任务 2.4　现代风格

【任务描述】

了解什么是室内设计风格是学习住宅室内风格设计的前提，只有对室内设计风格概念做出准确的定义，且对现代风格概念有深入的认识，才能够把握现代风格设计本质，并在后面的课程中做出优秀的设计。

相关知识：

2.4.1 现代简约风格

2.4.1 现代简约风格

现代简约风格，是现在国内家装最常见的一种室内设计风格。现代风格外形简洁、功能强，强调室内空间形态和物件的单一性、抽象性。

现代简约风格家具可以选择黄、橙比较轻快的颜色为主，比如地毯、窗帘、沙发、床单等均可以使用，这样可以使得家居环境变得轻快。简约的黑白色搭配，不仅是永不过时的经典窗帘搭配，也是非常百搭的组合。布艺是体现简约风格的重要元素，千万不要过于花哨或颜色过于饱和艳丽（图 2-16）。

图2-16 现代简约风格

布置一些靓丽的花艺、摆件作为点缀，花艺可采用浅绿色、红色、蓝色等清新明快的瓶装花卉，不可过于色彩斑斓。摆件饰品则多采用金属、陶瓷材质为主的现代风格工艺品。

2.4.2 工业风格

工业风格一般以黑白灰为主色调，厚重的颜色要求采光一定要好。除了黑白灰，工业风通常也喜欢温暖的中性色调，只要家里够开阔，这些色调可以中和空间里金属的冰冷感。工业风格兴起的源头是经过改造的旧工厂，裸露的砖墙和混凝土墙是其中一个辨识度很高的空间特色。比起砖墙的复古感，水泥墙更有一分沉静与现代感，不一定非要刷得均匀平整，手工造成的随机纹理也有不错的效果。

金属本身就是工业的象征，这种强韧又耐久的材料，可以说就是工业革命以后开始普及的，不过金属风格过为冷调，可将金属与木作混搭，既能保留家中温度又不失粗犷感。木材和有光泽的金属的组合是工业风格的设计趋势。铁艺是工业风格用到最多的材料，也是工业风格最刚硬冷酷的精髓所在。但过多的铁艺不适合直接搬到你家里，建议使用“木 + 铁艺”或“布艺 + 铁艺”来做调和。

工业风格擅长展现材料自然的一面，因此选择原色或带点磨旧感的皮革，颜色上以焦糖或烟熏色为主，皮件经过使用后会产生自然龟裂与色泽改变，提升工业风格历史悠久的独特韵味，能让生活空间更有复古的韵味。沙发的选择可以不用太刻板，不一定非得皮沙发或者具体到蜜蜡色皮沙发，现在工业风格有了许多个性化的改良，棉麻或者绒面的沙发气场也绝对不输前者。家具围绕着几种材质：棉麻、旧皮革、原木、金属等。落地灯和吊灯在整个工业设计空间都被广泛用于聚焦照明，轨道灯是环境照明的理想选择（图 2-17）。

图 2-17 工业风格

2.4.2 田园风格

2.4.3 日式简约风格

【任务实训】

任务 2.4	现代风格	页码：

引导问题：了解市场上的家装现代风格分类情况。

任务内容	组员姓名	任务分工	指导老师

1. 列举市场上最流行的三种现代风格，并说明特点。

公司名称	特点	介绍

2. 调研不同类型人群对现代风格的需求。

人群类型	需求分类	举例

项目 3
居室色彩设计

3　居室色彩设计（彩色版）

知识目标：加深对色彩的认识；了解室内色彩对比设计。

技能目标：通过学习色彩基础概念、室内色彩对心理的暗示、室内色彩配色原则和室内色彩常用配色方式，掌握在室内设计中的色彩运用，室内各部分色彩选择方法以及配色设计的注意事项和修改方法。

素质目标：使学生具备自学能力、色彩搭配能力、设计能力和分析能力，具备一定审美能力。

【思维导图】

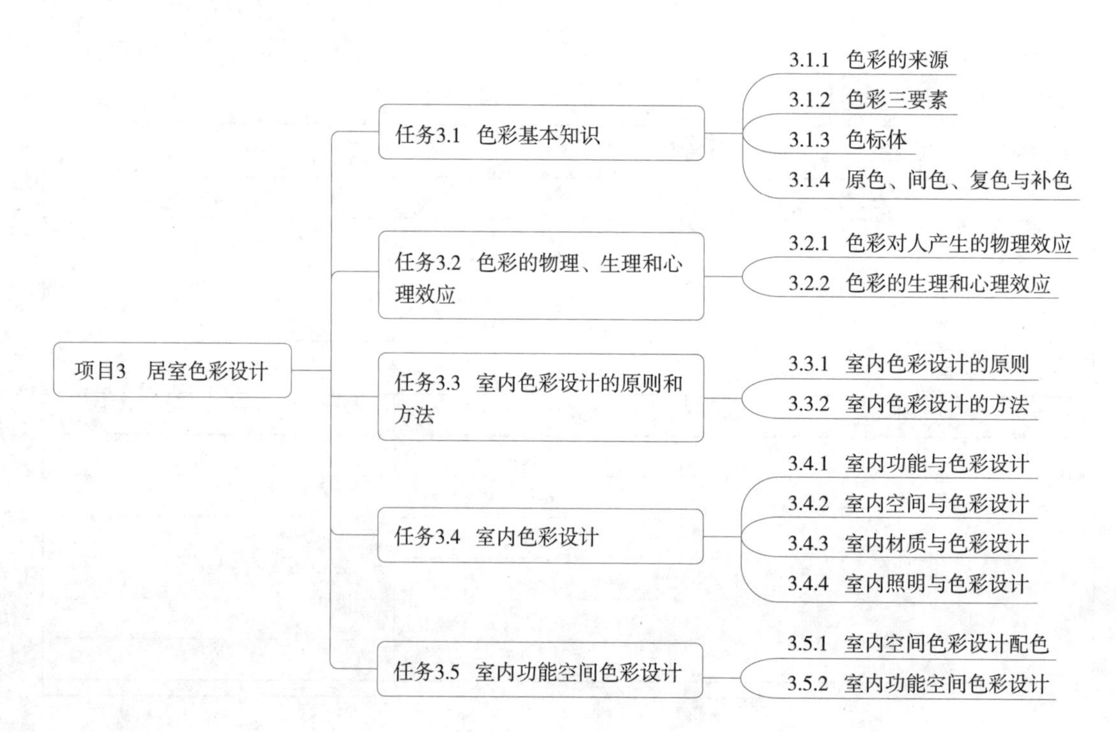

任务 3.1　色彩基本知识

【任务描述】

色彩是住宅室内设计中最重要的表现因素之一。室内设计所涉及的空间、家具、设备、照明、灯具等各个方面，最终都要以形态和色彩为人们所感知。

3.1　色彩基础知识

相关知识：

3.1.1　色彩的来源

色彩是光作用于人的视觉神经所引起的一种感觉。物体的颜色只有在光线的照射下才能为人们所识别。光线照射到物体上，可以分解为三部分：一部分被吸收，一部分被反射，还有一部分可以透射到物体的另一侧。不同的物体有不同的质地，光线照射到物体之后分解的情况也不同，正因为这样，世间万物才有了千变万化的颜色。

光的来源相当多，总体来说不外两大类：一类是天然光，另一类是人造光。现代色彩科学以太阳作为标准发光体，并以此为基础解释光色等现象。太阳发出的白光由多种光色所组成。英国科学家牛顿，曾把经过三棱镜分解后形成的光带划分为红、橙、黄、绿、青、蓝、紫七种色。后来，法国化学家祥夫鲁尔和斐尔德认为蓝色不过是青紫之间的一种色，光带的色彩应划为红、橙、黄、绿、青、紫六种色。他们的这一见解被色彩学界所接受，因此，今天的色彩学都以这六种色作为标准色。

太阳发出的白光照射到物体上，被反射的光色就成了物体的颜色。如红布吸收了橙、黄、绿、青、紫，反射出红色，因而使我们得以辨认为红色；树叶吸收了红、橙、黄、青、紫，反射出绿色，因而使我们得以辨认为绿色；白色物体因反射出大部分光色而呈白色；黑色物体因吸收了大部分光色而呈黑色；灰色物体则对每种光色都部分吸收和反射而呈现出明暗不等的灰色。上面所说的黑色与白色都是相对的，因为，在自然界中并无纯黑与纯白的物体，也就是说，并无完全吸收或反射所有光色的物体。同理，物体对光色的吸收和反射也是相对的，事实上，它们除大部分吸收或反射某种光色外，其余少部分吸收或反射其他光色。正因为如此，世间万物才能丰富多彩，以至达到令人眼花缭乱的程度。

应该说明，虽然物体的颜色要依靠光线来显示，但光色与物色并不是一回事。光色的原色为红、绿、青，混合之后近于白色；物色的原色为红、黄、青，混合之后近于黑色。

3.1.2 色彩三要素

我们常从色相、明度、彩度三方面研究色彩的视觉效果，并把它们作为分别和比较各种色彩的标准和尺度。色相、明度和彩度即所谓的色彩三要素。

1. 色相

色相即色别，也就是不同色彩的面目，它反映不同色彩各自具有的品格，并以此区别各种色彩。我们平常所说的红、橙、黄、绿、青、紫等色彩名称，就是色相的标志。世间万物，色彩缤纷，但人们的肉眼所能识别的色相是很少的。作为作业人员，应努力提高自己的辨色力，要善于从大致相似的色彩中发现其间的差别，如红色中朱红（红偏黄）、大红（红偏橙）、曙红（红偏紫）、深红（红偏青）之间的差别。

十二色环包括六个标准色以及标准色之间的中间色，即红、橙、黄、绿、青、紫以及红橙、橙黄、黄绿、青绿、青紫和红紫十二种颜色，这十二种颜色就是常说的十二色相。这十二色相以及由它们调和变化出来的大量色相称为有彩色；黑、白为色彩中的极色，加上介于黑白之间的中灰色，统称无彩色；金、银色光泽耀眼，称为光泽色。

2. 明度

明度即色彩的明暗程度。它的具体含义有两点：一是不同色相的明暗程度是不同的。光谱中的各种色彩，以黄色的明度为最高。由黄色向两端发展，明度逐渐减弱，以紫色的明度为最低。二是同一色相的色彩，由于受光强弱不一样，明度也不同，如同为绿色，就有明绿、正绿、暗绿等区别。同为红色，则有浅红、淡红、暗红、灰红等层次。

十二色环色彩明度如图 3–1 所示。

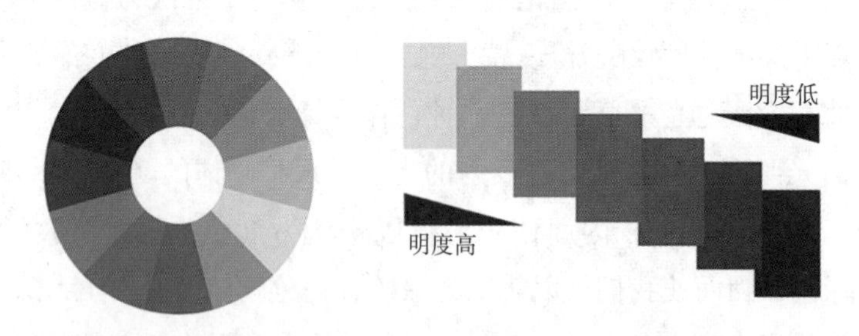

图3–1　十二色环色彩明度

3. 彩度

彩度又称纯度或饱和度，是指色彩的纯净程度。越鲜艳的色彩彩度越高。标准色彩度最高，因为它既不掺白也未掺黑。在标准色中加白，彩度降低而明度提高；在标准色中加黑，彩度降低，明度也降低，显示了彩度的变化。在同一色相中，把彩度最高的色称为该色的纯色，色相环一般均用纯色表示。

色彩彩度如图 3–2 所示。

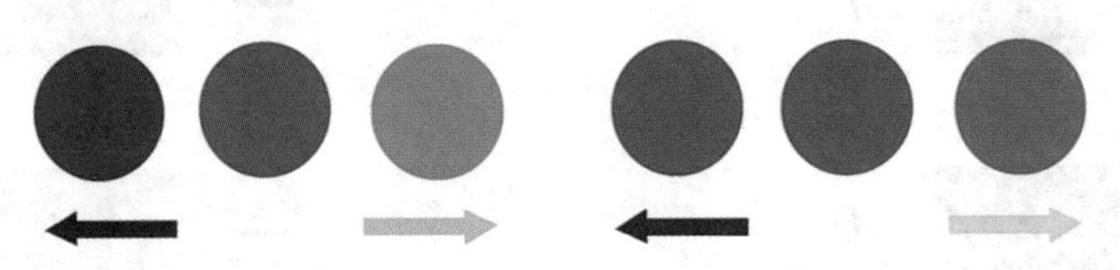

图 3–2 色彩彩度

3.1.3 色标体

根据上述的色彩三属性，可以制成包括一切色彩的三度立体模型，称为色标体。我国常用的色标体是孟赛尔色标体系（图 3–3）。孟赛尔色标体系是由色相 H（Hue）、明度 V（Value）、彩度 C（Chroma）表示。孟赛尔色标体系广泛应用于建筑、室内设计，是一种十分有效的设计标准工具。

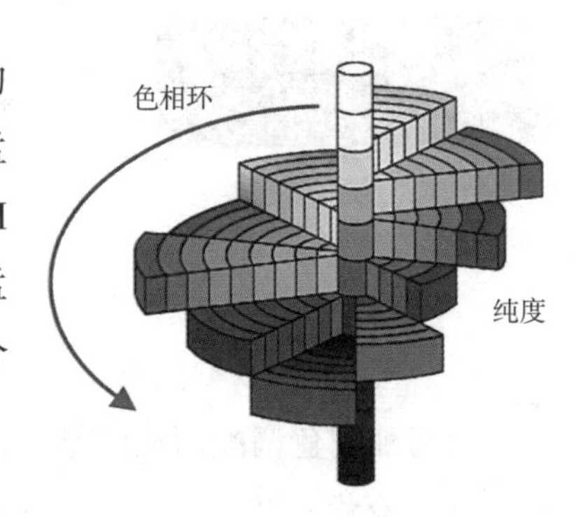

图 3–3 孟赛尔色标体系

3.1.4 原色、间色、复色与补色

从色彩调配的角度，可把色彩分为原色、间色、复色和补色。

1. 原色

除极少数颜色外，大多数颜色都能用红、黄、青三种色彩调配出来。但这三种色却不能用其他颜色来调配，因此，人们就把红、黄、青三种色称为原色或第一次色（图 3–4）。

图 3–4 三原色

2. 间色

由两种原色调配而成的颜色称为间色或第二次色，共三种，即橙 = 红 + 黄；绿 = 黄 + 青；紫 = 红 + 青（图 3–5）。

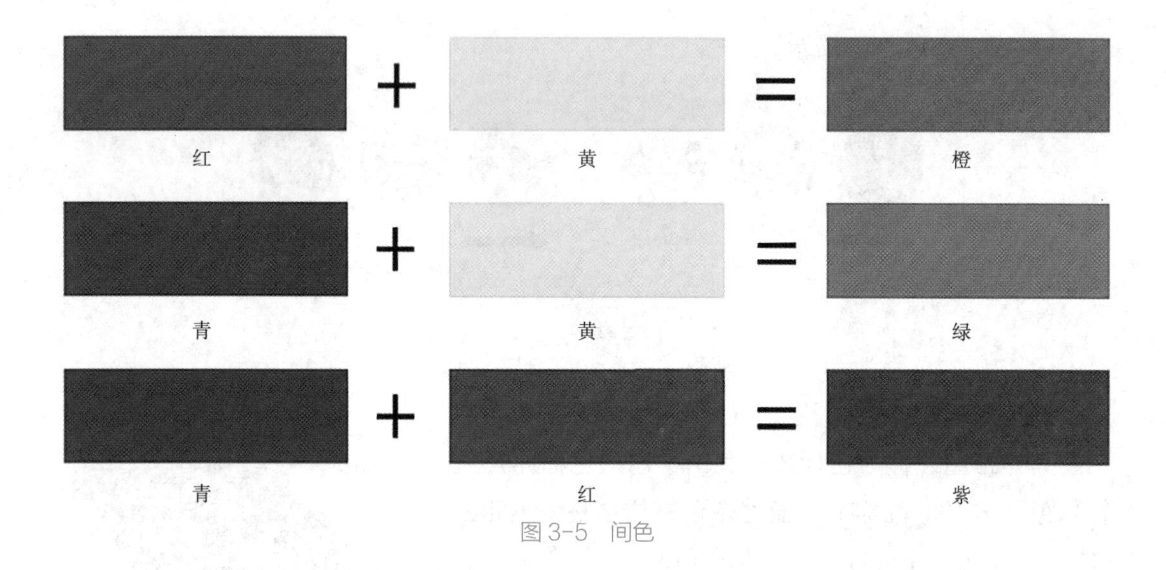

图 3-5　间色

3. 复色

由两种间色调配而成的颜色称为复色或第三次色，主要复色也有三种，即：橙绿 = 橙 + 绿；橙紫 = 橙 + 紫；紫绿 = 紫 + 绿。

每一种复色中都同时含有红、黄、青三种原色，因此，复色也可以理解为是由一种原色和不包含这种原色的间色调成的。不断改变三原色在复色中所占的比例数，可以调出为数不多的复色。与间色和原色相比较，复色含有灰的因素，所以较混浊。

4. 补色

每种原色与另外两种原色调成的间色互称补色或对比色，如：红与绿（黄 + 青）；黄与紫（红 + 青）；青与橙（红 + 黄）（图 3–6）。

从十二色相的色环看，处于相对位置和基本相对位置的色彩都有一定的对比性，以红色为例，它不仅与处在它对面的绿色互为补色，具有明显的对比性，还与绿色两侧的黄绿和青绿构成某种补色关系，表现出“冷”“明”的对比性。补色并列、相互排斥、对比强烈，能够取得活泼、跳跃等效果。

图 3-6　补色

【任务实训】

任务 3.1	色彩基本知识	页码：

引导问题：了解色彩的搭配。

任务内容	组员姓名	任务分工	指导老师

1. 收集当下流行的室内色彩搭配图片。

名称	图片	介绍

2. 对收集到的图片色彩分析。

名称	图片	分析

任务 3.2　色彩的物理、生理和心理效应

【任务描述】

3.2　色彩的情感效果

色彩是一种最实际的装饰因素，同样的家具、陈设和织物，施以不同色彩，就能产生不同的装饰效果。在室内设计中，色彩的作用远远不止这些，它还具有实际价值、物理作用、生理作用和心理作用，使人产生丰富的联想

和感受。人们早就认识到室内色彩能够影响人们的情绪，如使人欢快兴奋或淡漠安静等。

相关知识：

3.2.1 色彩对人产生的物理效应

色彩对人们引起的视觉效果反应在物理性质方面有很多种形式，如温度感、距离感、重量感、尺度感。色彩的物理效应在住宅室内设计中可以广泛地运用。

（1）温度感

在色彩中，把不同色相的色彩分为冷色、暖色和温色。以蓝色为主的颜色都是冷色，如蓝色、蓝紫色、蓝绿色等，以深蓝色为最冷。以红色、黄色为主的颜色都是暖色，如红色、橙色、黄色、紫红色、黄绿色等，以橙色最暖。其中，紫色是红与蓝的混合，绿色是黄与蓝的混合，所以被称为温色。黑、白、灰和金、银色等，既不是暖色，也不是冷色，称为中性色。这和人类长期的感觉经验是一致的，如红色、黄色，让人感觉看到太阳、火、炼钢炉等，感觉火热；而青色、绿色，让人感觉看到江河湖海、绿色的田野、森林，感觉凉爽。色彩的温度感不是绝对的，而是相对的，愈靠近橙色，色感愈热，愈靠近青色，色感愈冷（图 3–7）。如红比红橙较冷，红比紫较热，但不能说红是冷色。此外，还有补色的影响，如小块白色与大面积红色对比下，白色明显地带绿色，即红色的补色（绿）的影响加到白色中。在室内设计中，正确运用色彩的温度作用，可以制造特定的气氛，用以弥补不良朝向造成的缺陷（图 3–8 和图 3–9）。据测试，色彩的冷暖差别，主观感觉可差 3~4℃。

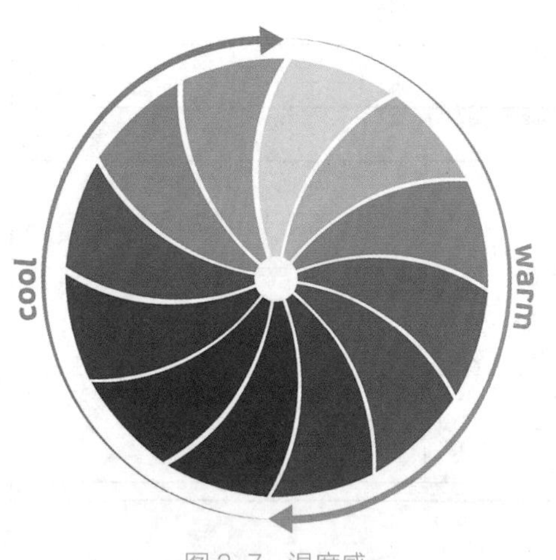

图 3–7 温度感

图 3–8 色彩的温暖感

图 3–9 色彩的凉爽感

（2）距离感

色彩可以分为前进色和后退色，或称为近感色和远感色。暖色和明度高的颜色具有前进、膨胀、接近的效果，而冷色和明度低的色彩则具有后退、收缩、远离的效果（图 3-10）。住宅室内设计中常利用色彩的距离感改善空间的大小和高低。例如起居室中以白色为背景，陈设色彩鲜明，显得近；餐室为冷色调，显得远。利用色彩的距离感改善空间某些部分的形态和比例，效果很显著，是室内设计人员经常采用的手段。室内空间过大过高时，可用暖色减弱空旷感，提高亲切感；室内空间过小过低时，可用冷色增加距离感（图 3-11）。

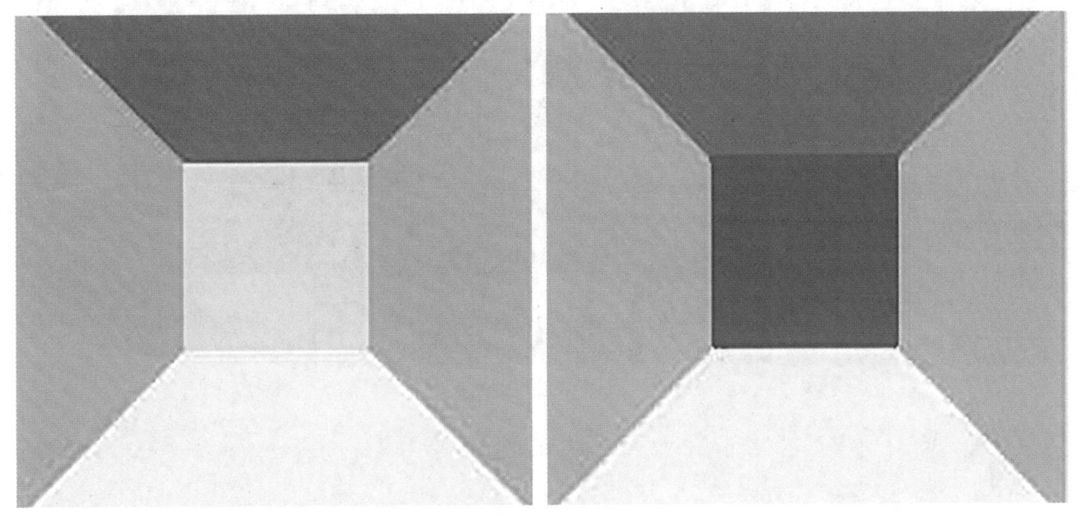

图3-10 色彩的距离感

（a）（b）

图3-11 暖色减弱距离感（a）、冷色增加距离感（b）

（3）重量感

色彩的重量感主要取决于明度。一般来说高明度的色彩有轻感，低明度的色彩有重感。明度高的色轻，明度低的色重，如暗红色比粉红色重。暖色比冷色轻，如黄色比蓝色轻。正确运用色彩的重量感，可使色彩关系平衡和稳定，例如，在室内采用上轻下重的色彩配置，就容易收到平衡、稳定的效果。在室内设计的构图中常以此达到平衡和稳定及表现性格的需要，如轻飘、庄重等（图 3–12）。

图3–12　色彩的重量感

（4）尺度感

色彩同样可以产生出不同程度的尺度感，可以把色彩分为膨胀色和收缩色。色彩的尺度感主要取决于明度。明度越高，膨胀感越强；明度越低，收缩感越强。色彩的尺度感还与色相有关系。一般来说，暖色具有膨胀感，冷色则具有收缩感（图 3–13 和图 3–14）。

图3–13　暖色具有膨胀感

图3–14　冷色具有收缩感

在住宅室内设计中，不同空间、家具和陈设的大小和色彩都有着密切的关系，可以利用色彩来改变尺度感、体积感和空间感，使住宅室内设计中的各元素更加相得益彰。

3.2.2 色彩的生理和心理效应

（1）生理效应

人们对于色彩总在追求一种生理上的平衡状态，即人们若长时间只看一种颜色时，生理上就会出现不适，从而产生视觉疲劳，会自主寻求这种颜色的对比色。色适应的原理经常被运用到室内色彩设计中，常常把器物色彩的补色做背景，以消除视觉干扰，减少视觉疲劳，使视觉器官从背景色中得到平衡和休息。所以在住宅室内设计中尽量不要出现单一色彩的表现形式，而应该加入各种颜色进行视觉上的对比和调节。而在办公空间的色彩一般运用冷色较多，因为工作者若长时间接触暖色，容易引起不安与躁动，不利于冷静地开展工作。

（2）心理效应

色彩的心理作用表现在两个方面：一是它的悦目性，二是它的情感性。悦目性，就是它可以给人以美感。情感性，就是它能影响人的情绪，引起联想，乃至具有象征的作用。不同的年龄、性别、民族、职业的人，对不同的色彩所产生的心理感受也可能不同，从而对色彩的偏爱也是不一样的。室内设计工作者既要了解不同人对于色彩的好恶，又要注意色彩流行的总趋势。色彩同样可以引起人们不同的心理效应。在暖色的环境中，人的脉搏会自然加快，同时伴随有血压的升高，进而引起情绪上的变化，表现为活跃、兴奋、冲动；而处在冷色的环境中，脉搏会自然减缓，血压趋于平稳，进而情绪也较冷静、沉稳。

色彩给人的联想可以是具体的，也可以是抽象的。所谓抽象的，就是联想起某些事物的品格和属性。

红色：是所有色彩中对视觉感觉最强烈和最有生气的色彩，它炽烈似火、壮丽似日、热情奔放如血，是生命崇高的象征。同时红色是血的颜色，也可以使人感到危险和浮躁。

橙色：常象征活力、精神饱满和交谊性。同时橙色是丰收之色，明朗、甜美、温情又活跃，可以使人想到成熟和丰收，但也可以引发烦躁的情绪。

黄色：在色相环上是明度级最高的色彩，它光芒四射、轻盈明快、生机勃勃，具有温暖、愉悦、提神的效果，常为积极向上、进步、文明、光明的象征。中国古代帝王的服饰和宫殿常用黄色，能够给人以高贵的印象，还可以使人感到光明和喜悦。

绿色：是大自然中植物生长、生机盎然、清新宁静的生命力量和自然力量的象征，可以使人想到新生、青春、健康和永恒，也是公平、安详、宁静、智慧、谦逊的象征。

蓝色：从各个方面都是红色的对立面，易使人联想到碧蓝的大海。抽象之后，则能使人想到深沉、远大、悠久、纯洁、理智和理想。蓝色是一种极其冷静的颜色，象征安静、清新、舒适和沉思。但从消极的方面看，也容易激起阴郁、冷淡等感情。

紫色：它精致而富丽，高贵而迷人。欧洲古代的王者喜欢用紫色，中国古代的将相也常常穿戴紫色的服饰，因此，紫色既可使人想到高贵、古朴和庄重，也可使人想到阴暗和险恶。

白色：能使人想到清洁、纯真、光明、神圣、和平等，也可使人想到哀怜和冷酷。

灰色：具有朴实感，但更多的是使人想到平凡、空虚、沉默、阴冷、忧郁和绝望。

黑色：可以使人感到坚实、含蓄、庄严肃穆，也可以使人联想起黑暗与罪恶。

【任务实训】

任务 3.2	色彩的物理、生理和心理效应	页码：

引导问题：了解色彩的物理、生理和心理效应。

任务内容	组员姓名	任务分工	指导老师

1. 收集不同色系的室内设计图片。

名称	图片	介绍

2. 说一说收集到的图片中，住宅室内色彩对人产生的物理、生理和心理效应是如何表现的。

名称	图片	分析

任务 3.3　室内色彩设计的原则和方法

【任务描述】

在住宅室内设计中的色彩设计要遵循一些基本的设计原则和方法，使色彩与整个室内空间环境设计紧密地结合起来，从而达到最好的效果。

3.3　居室空间的色彩设计

相关知识：

3.3.1　室内色彩设计的原则

色彩设计在住宅室内设计中起着创造和改善某种环境特点的作用，会产生不同的空间环境效果。所以，色彩是住宅室内设计中不能忽视的重要因素。

1. 注重对比与统一的原则

在住宅室内设计中，各种种类的色彩相互作用、相互影响，对比与统一是最根本的关系，如何恰如其分地处理这种关系是创造安全、合理、舒适、美观室内空间环境氛围的关键。色彩的对比与统一就是要注意色彩三要素——色相、明度和彩度（纯度）之间的协调，从而产生各种对比与统一效果。因此，要在色彩设计中注重色相对比、明度对比、纯度对比以及冷暖对比，在统一中寻求对比，在对比中表现和谐统一。相互配合、相互制约，不要过于平淡、沉闷、单调，也不要过于鲜艳、跳跃、杂乱。在住宅室内设计中缤纷的色彩对比会给室内环境增添各种气氛，而使用过多的色彩对比，则会让人眼花缭乱而惶恐不安，甚至产生不好的效果。统一是控制、完善室内色彩环境氛围的基本原则，因此一定要掌握合适的色彩搭配的原理，才能使住宅室内的色彩设计具有适合的意境和氛围。

2. 关注人与色彩的情感原则

不同的色彩会给人带来不同的情感，所以在确定住宅室内色彩设计时，要充分考虑人对于色彩的情感。所以在住宅室内设计中，儿童房适合纯度较高的浅色系；青年人适合对比度较大的色系；老年人适合具有稳定感的深色系。

3. 满足室内空间的功能需求原则

不同的空间有着不同的功能，色彩设计也要满足不同空间的各种功能。一般来说，纯度较低的色彩可以获得一种安静、柔和、舒适的空间气氛；纯度较高的色彩则可获得一种欢快、活泼与愉快的空间气氛。高明度的色彩可以获得光彩夺目的室内空间气氛；低明度的色彩则可以获得一种神秘和温馨之感。

4. 符合空间构图的需要原则

住宅室内色彩设计必须符合空间构图的需要，充分发挥色彩对空间环境的影响，正确处理变化、协调和对比、统一的关系。在进行色彩设计时，首先要定好住宅室内空间色彩的主色调。主色调在室内氛围中起主导的作用。注重色彩的色相、明度、纯度和对比度的关系。其次要处理好多种色彩之间的对比与统一，在统一的基础的求变化，在变化中求统一，这样才容易取得良好的效果。为了取得统一又有变化的效果，大面积使用某种颜色时不宜采用过分鲜艳的色彩，而小面积的颜色可适当采用高明度和高纯度的色彩。此外，色彩设计还要体现出室内空间的稳定感，常采用上轻下重的色彩关系。色彩设计的变化，还应形成一定的韵律感和节奏感，注重色彩变化的规律。

3.3.2 室内色彩设计的方法

在掌握一定的色彩设计的原则后，要完成室内空间的色彩设计，实际上就是进行室内色彩的构图，进行色彩的创造。

1. 确定主色调

主色调就是指住宅室内空间色彩整体的基本色调，它反映出室内色彩的性格、特点和风格，主色调的定位与室内表现的主题、使用者的目的相联系。室内主色调的选择是色彩设计的首要一步，针对室内空间的使用性质和功能，使主色调贯穿于整体的室内空间中，通过色彩达到或典雅或华丽，或安静或活跃，或纯朴或奢华的效果，然后再考虑局部色彩的对比与变化。明色调的居住空间如图 3–15 所示；暗色调的居住空间如图 3–16 所示。

图3–15　明色调的居住空间

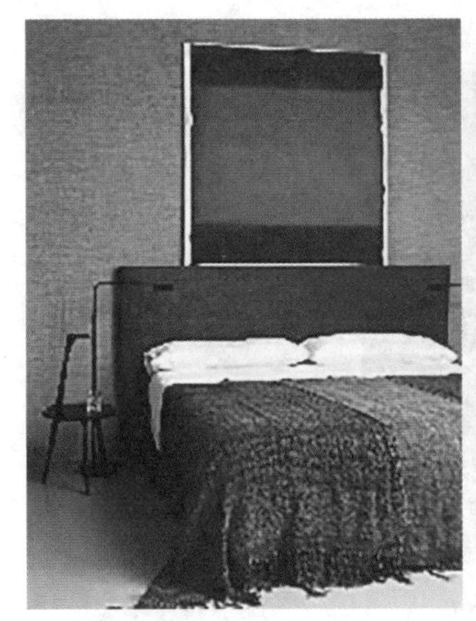
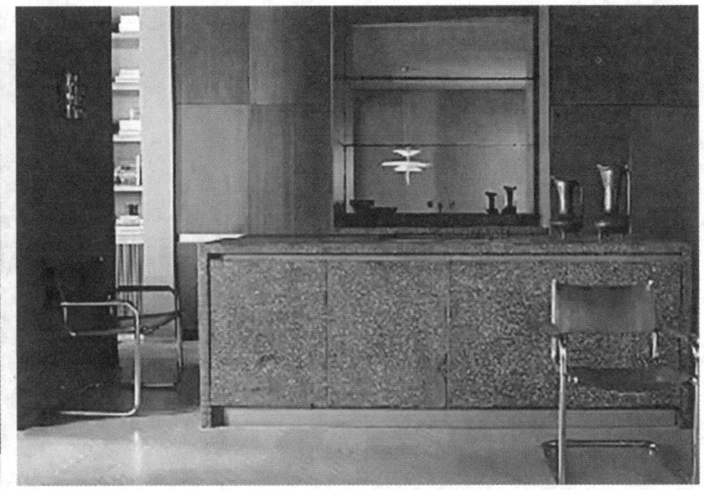

图3-16　暗色调的居住空间

2. 色彩的搭配

主色调确定以后，接下来就要考虑色彩的布局及搭配。住宅室内的色彩往往有背景色、主导色和点缀色之分。背景色形成室内的主色调，占有较大的比例。主导色是室内主题家具的色彩，作为与主色调的协调色或对比色。点缀色，即家居陈设物的色彩，虽占较小的比例，但由于风格的独特、色彩的强烈，往往成为室内的视觉焦点，引人关注。背景色、主导色通常作为大面积的色块不宜采用过分鲜艳的色彩，点缀色通常是小面积的色块，可适当提高色彩的明度和纯度。

3. 色彩的整体构思

对于住宅室内色彩设计而言，色彩整体构思的重要性是不言而喻的。整体构思主要是协调好室内各种色彩的搭配与组合的方式。色彩设计的构思不是一成不变的，而是要根据室内的空间、性质以及重点表现的对象，设置合理的搭配与组合。如住宅室内的空间面积过大时，就不能只考虑家具和陈设的色彩，而应该同时对天花板、墙面、地面的色彩予以考虑，甚至是重点装饰，注重协调统一（图3–17）。

4. 色彩的调整

随着时代的发展和社会的需要，住宅室内色彩的设计会受到社会思潮、时尚文化、生活观念等各种条件的影响和制约，而产生不断地调整和变化。所以对于某些特定功能需求的住宅室内空间，就要注重色彩的调整，营造出各种不同风格的空间氛围，给人舒适和谐、焕然一新、不断变化的面貌。

图3-17 住宅室内色彩的整体构思

【任务实训】

任务 3.3	室内色彩设计的原则和方法	页码：

引导问题：了解色彩的设计方法。

任务内容	组员姓名	任务分工	指导老师

1. 梳理室内色彩设计的原则，分别找到运用以上原则的图片。

名称	图片	介绍

2. 结合住宅室内色彩设计的方法，分析找到的图片中主色调、背景色、点缀色分别是什么。

名称	图片	分析

任务 3.4　室内色彩设计

【任务描述】

住宅室内设计的主要功能和目的就是要满足人们物质与精神的要求，使人们感到舒适。色彩作为重要的表现因素，只有充分发挥和利用色彩的特性，才能使得住宅室内设计更加能满足人们的各种需求。

3.4　居室功能空间色彩设计

相关知识：

3.4.1　室内功能与色彩设计

住宅室内的色彩应该满足人们的各种要求，使人们感到舒适。在功能要求方面，首先应该分析每个空间的使用性质，如客厅、主人房、客人房、儿童房、老年房等。由于使用对象和使用功能的不同，色彩设计就必须有所区别。不同空间的色彩设计要符合不同人群的年龄、喜好，甚至是职业特点等。例如儿童的房间，其色彩设计就应该有自然、活泼、生动的感觉。黄色如同阳光一样辉煌明亮，使人联想到春天的油菜花、夏天的向日葵、秋天的麦穗，都是生命的象征，如果儿童房内的色彩以黄色为主色调，就会使室内充满着生命的希望与活力，这与儿童的年龄、兴趣、爱好吻合，也贴切儿童房的使用性质。

3.4.2　室内空间与色彩设计

住宅室内空间的形式千差万别，各式各样。当室内空间出现过大、过小、过高、过低的情况时，可以利用色彩设计进行适度的调整。色彩由于本身的性质具有冷暖、距离、轻重、大小等特点，所以其对住宅室内设计具有面积上或体量上的调整作用。空间形态变化复杂的环境，可以使用较单一的色彩；空间形态比较简单的环境，可以使用不同的色彩对比来展现空间的变化。过大的空间中使用单一色彩会显得空间单调乏味；过小的空间中出现多种色彩变化反而会显得凌乱不堪。空间中有较多家具陈设时，其天花板、墙面、地面的色彩变化要小；空间中的家具陈设不多时，可适当增加墙面天花板、地面的色彩变化。

3.4.3　室内材质与色彩设计

材质和色彩有着密切联系。各种材料有特定的颜色、光泽、冷暖、质感和肌理等属性，会给人们不同视觉感受，天然材料尤为如此。如何利用材料本身的质感和色彩，配

图3-18　材质与色彩

以人为加工，对于住宅室内色彩设计而言，作用是相当明显的（图 3-18）。

3.4.4　室内照明与色彩设计

照明与色彩同样有着密切的联系。照明与色彩的运用，是住宅室内设计中创造室内环境、改善室内照明条件、调整室内色彩效果的重要方法与手段。住宅室内的照明设计中有自然光源和人工光源两种。根据室内使用功能的需要，为了强调某些局部空间的照明与色彩，往往采用两者结合的方法，利用不同颜色的照明光源，从而改善空间或家具陈设的色相、明度和纯度。

【任务实训】

任务 3.4	室内色彩设计	页码：

引导问题：了解不同功能空间色彩设计。

任务内容	组员姓名	任务分工	指导老师

1. 收集不同功能住宅空间。

名称	图片	介绍

2. 结合空间功能，对收集到的图片色彩进行分析。

名称	图片	分析

任务 3.5　室内功能空间色彩设计

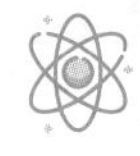

【任务描述】

室内设计除了满足人们居住的需求，还需要满足人们对于不同空间的使用需求和审美的需求。色彩会直接影响人们的审美观。因此，保证功能空间色彩搭配的合理性，对于住宅室内设计整体质量水平的提升起着非常重要的作用。

3.5　居室设计配色方法

3.5.1　室内空间色彩设计配色

1. 单色调色彩配色

以一种色相作为整个室内色彩的主调，称为单色调。单色调可以取得宁静、安详的效果，并具有良好的空间感以及为室内的陈设提供良好的背景。单色调色彩配置应通过对明度及纯度的变化加以控制，体现明度和纯度的对比，在统一中求其变化（图 3–19）。同时，应用黑、白、灰等无彩色，能够让色彩更为突出。用不同的质地、图案及家具形状，来丰富整个室内环境。

图3–19　蓝色调住宅空间配色

2. 相似色调色彩配色

相似色调是选择在色环中相邻的两三种的色彩作为居室色彩的主色调，是目前最大众化和深受人们喜爱的一种色调，这种方案只用两三种在色环上互相接近的颜色，如黄、橙，蓝或蓝紫等。一般说来，在色的运用上，需要结合无彩色，来加强其明度和纯度的表现力（图 3–20）。

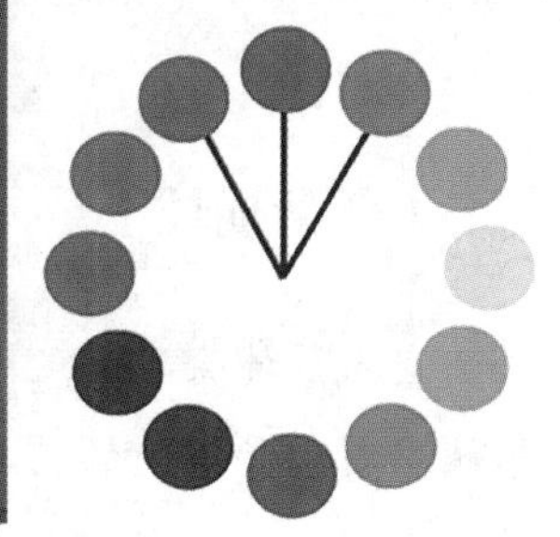

图 3-20　相似色调住宅空间配色

3. 互补色调色彩配置

互补色调或称为对比色调色彩配置法，是运用在色环中处于相对位置的色彩作为居室色彩的主调，如青与橙、红与绿、黄与紫等。其特点是色彩对比强烈，使室内生动而鲜亮，能够很快引起人们注意和兴趣。但由于使用互补色调时容易产生视觉疲劳，所以可以多选择低纯度的互补色，以达到和谐舒适的感受。采用对比色必须慎重，要有主有次，“万绿丛中一点红”“画龙点睛”都是讲主次分明的，对比色其中一色应始终占支配地位，使另一色保持原有的吸引力。还要疏密相间，互补色的色块切忌均分面积、各成独立的画面（图 3-21）。

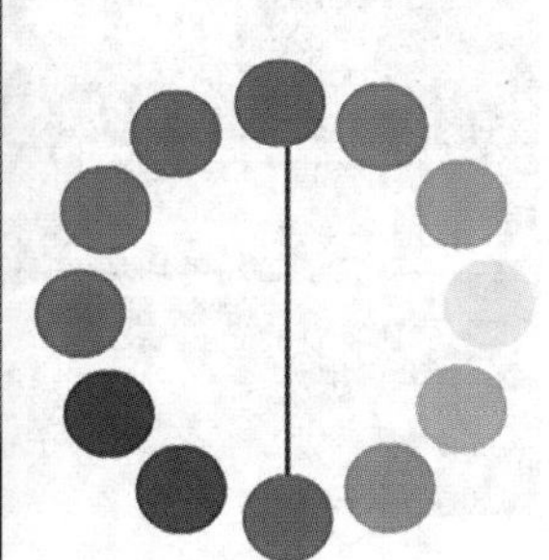

图3-21　互补色调住宅空间配色

4. 无彩色调色彩配置

无彩色调是运用黑、白、灰作为居室色彩主调的色彩配置方法，是一种十分高级和高度吸引人的色调。特点是容易获得非常平静的居室空间效果，能有效突出周围环境。在室内设计中，粉白色、米色、灰白色以及每种高明度色相，均可认为是无彩色（图 3-22）。

图 3-22　无彩色调住宅空间配色

3.5.2　室内功能空间色彩设计

1. 起居室的色彩设计

起居室作为家庭主要的活动中心。在选择起居室的色彩设计时，常采用多层次的同类系暖色为其基准色，在局部的地方，适当用对比色增加效果。小空间的起居室，宜用偏暖、高明度的淡雅色调，以在视觉上造成空间感的扩大。在大空间的室内，可采用中性色调，主要应以色彩本身具有的调节作用作为色彩选择的依据。起居室的色彩设计如图 3–23 所示。

图 3-23　起居室的色彩设计

2. 卧室的色彩设计

卧室是人们休息的地方。是帮助人们恢复体能、调节情绪、安静入眠的场所。卧室的色彩一般应选用安静、悦目、舒适、沉稳的色调，用色一般以柔和、宁静的色彩为主，但其色彩的纯度宜中偏低，明度可适当提高，如淡黄、淡紫、淡蓝等色调营造出柔和、安静的气氛。卧室的织物如床上用品、窗帘的颜色应与房间主色调一致，局部服从整体（图 3–24）。

图 3–24 卧室的色彩设计

3. 儿童房的色彩设计

儿童房作为孩子读书、玩耍、睡觉的地方。色彩的选择，应有利于儿童身心健康，宜用明亮、轻快、活泼的对比色为主，不宜用灰暗、沉静的色彩，以免造成儿童心理上的压抑感。色彩的选用上多采用单纯明亮的对比色（图 3–25）。

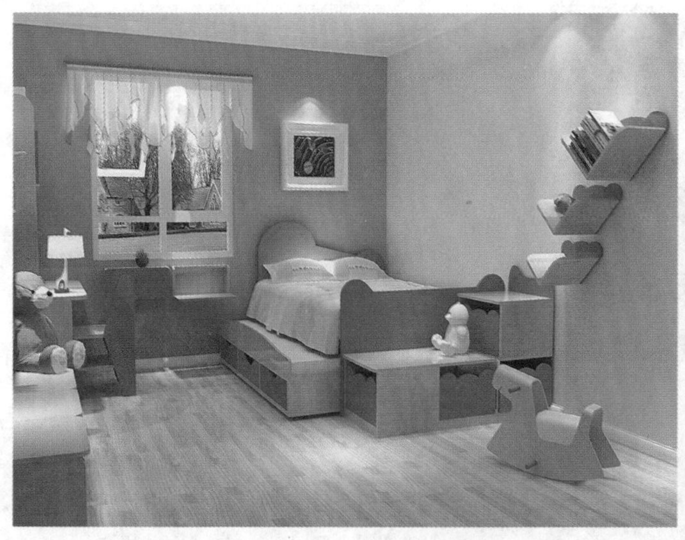

图 3–25 儿童房的色彩设计

4. 餐厅的色彩设计

餐厅是一家人进餐联络情感和招待亲朋好友的地方。其功能性决定了其环境色彩设计常用偏暖的色调，这是因为从色彩心理学上来讲，暖色可以增进人们的食欲，这也是为什么很多餐厅装饰色彩喜欢采用黄、红色系的原因。此外，厨房的整体应以餐厅的色彩同类为佳，在视觉上才有统一感（图 3-26）。

图 3-26　餐厅的色彩设计

5. 书房、工作室的色彩设计

书房、工作室是家庭中个人工作学习，摄取知识、提高自身素质修养的地方，功能上要创造静态空间，以宁静为原则，应避免选择强烈、刺激的色彩，宜多用明亮的无彩色或中性颜色，也可以用冷色调，显得安静、平和，如蓝、绿、灰、紫等。书房也可以选用一种颜色，这样看起来比较自然、统一，有助于人的心境平稳，家具和陈设品的颜色可以与书房的颜色相协调，在其中点缀一些和谐的色彩以调节气氛。另外，利用原木板材来装饰书房，其材质的色彩纹理也能给人以回归自然、纯朴温馨的感受（图 3-27）。

图 3-27　书房、工作室的色彩设计

6. 卫生间的色彩设计

卫生间是洗浴、洗涤的场所，也是一个清洁卫生要求较高的空间。在环境色彩的设计时，多用明度高、纯度中性的色调。传统色彩设计是以白色为主的浅色调，地面及墙面均以白色、浅灰色或淡蓝色等颜色做表面装饰，但是现在也有较为时尚的色彩设计以深色为主调。如图 3–28 所示的两种效果各有特点，左边简明、轻松，右边独具个性。此外，在选择浴厕的色彩时，其墙、顶、地面和配套设施宜采用同类色系，在视觉和心理上可扩大空间感。

图 3–28　卫生间的色彩设计

【任务实训】

任务 3.5	室内功能空间色彩设计	页码：

引导问题：了解室内功能空间色彩设计。

任务内容	组员姓名	任务分工	指导老师

续表

<table>
<tr><td>任务 3.5</td><td colspan="2">室内功能空间色彩设计</td><td>页码：</td></tr>
<tr><td colspan="4">1. 列举当下较流行的室内功能空间配色。</td></tr>
<tr><td>名称</td><td colspan="2">图片</td><td>介绍</td></tr>
<tr><td></td><td colspan="2"></td><td></td></tr>
<tr><td></td><td colspan="2"></td><td></td></tr>
<tr><td></td><td colspan="2"></td><td></td></tr>
<tr><td colspan="4">2. 调研不同人群对空间色彩的偏好。</td></tr>
<tr><td>名称</td><td colspan="2">图片</td><td>分析</td></tr>
<tr><td rowspan="3"></td><td colspan="2"></td><td></td></tr>
<tr><td colspan="2"></td><td></td></tr>
<tr><td colspan="2"></td><td></td></tr>
<tr><td rowspan="3"></td><td colspan="2"></td><td></td></tr>
<tr><td colspan="2"></td><td></td></tr>
<tr><td colspan="2"></td><td></td></tr>
</table>

项目 4

室内灯光照明

知识目标：1. 了解室内照明的原则与作用；
2. 掌握选择合适的灯饰；
3. 掌握室内照明方式和了解室内灯光的表现形式；
4. 掌握不同空间的灯光运用。

技能目标：做出优秀的灯光照明设计。

素质目标：打造坚实的理论基础和独特的创新思维，在学习中熟悉如何正确应用照明设计并了解如何有效地使用照明。

【思维导图】

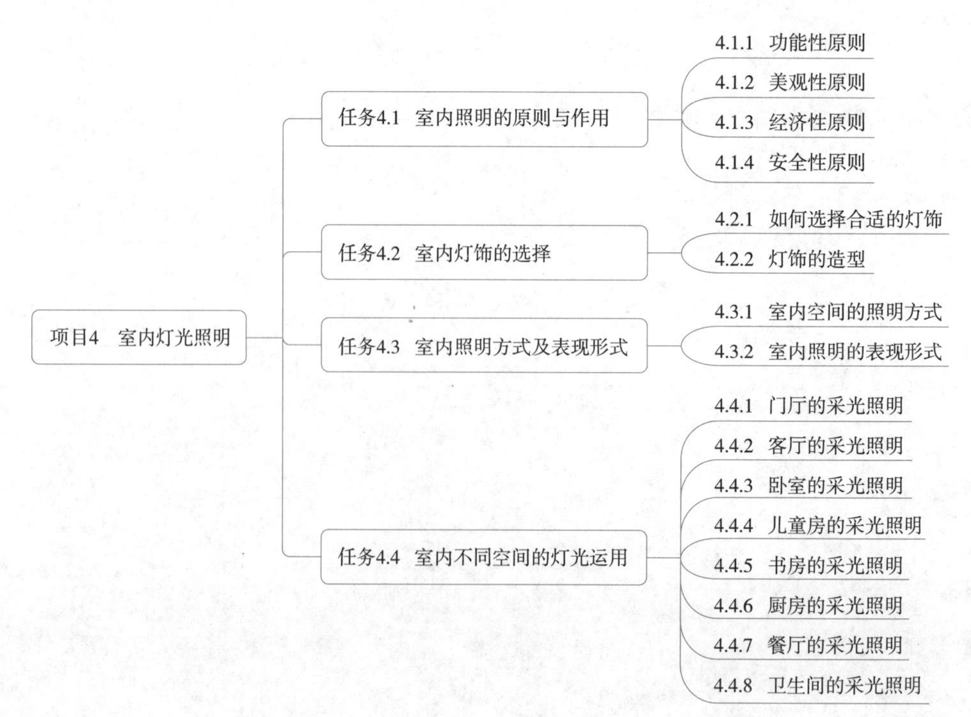

任务 4.1 室内照明的原则与作用

【任务描述】

4.1 室内照明的原则与作用

了解室内照明的原则与作用是学习好住宅室内灯光照明的前提，只有对室内照明的原则与作用有正确的认识，才能够把握住宅室内灯光照明设计本质，并在后面的课程中做出优秀的灯光照明设计。

相关知识：

照明可以分为自然光源和人工光源两种类型。自然光源主要是日光，即太阳光。

自然光源无时无刻不存在于我们周围，因此常常会被忽略，如果能够将这种光源融入实际的光源布置中，不仅能够达到节能环保的目的，还能够直接享受到显色性最佳的光照效果。

利用自然光源最简单的方法是将某个生活区域转移至住宅的半开敞或外部空间，例如天台、阳台、花园等。这样一来，不需要任何改造，便可以享有最为自然的光源，并且呼吸新鲜的空气。

人工光源也叫室内灯光照明，是指在室内空间中布置的各种照明灯饰。它是家装设计的重要组成部分。

室内灯光照明有其遵循的原则，概括起来主要包括功能性原则、美观性原则、经济性原则和安全性原则。

4.1.1 功能性原则

所谓功能性原则，是在符合规范的前提下，为室内空间选择适当的照明方式，保证室内空间能够拥有恰当的明亮程度，并且灯光照明方式必须是方便维护和管理。

灯光照明并不一定是以多为好，以强取胜，关键是科学合理。灯光照明设计是为了满足人们视觉和审美的需要，使室内空间最大限度地体现实用价值和欣赏价值，并达到使用功能和审美功能的统一。华而不实的灯饰非但不能锦上添花，反而画蛇添足，同时造成电力消耗和经济上的损失，甚至还会造成光环境污染而有损身体的健康（图 4–1）。

图4–1 功能性照明

灯光照明设计必须符合功能的要求，根据不同的空间、不同的对象选择不同的照明方式和灯具，并保证适当的照度和亮度。例如：客厅的灯光照明设计应采用垂直式照明，要求亮度分布均匀，避免出现眩光和阴暗区；室内的陈列，一般采用强光重点照射以强调其形象，其亮度比一般照明要高出 3~5 倍，常利用色光来提高陈设品的艺术感染力。

4.1.2 美观性原则

室内空间的灯光照明是室内空间环境设计的一部分，也是烘托室内空间氛围的重要手段。根据室内空间的设计风格选择合适的灯饰，既能够起到照明的作用，又能够起到装饰环境的作用，这就是美观性原则（图 4–2）。

照明设计是美化空间环境与创造灯光艺术氛围的重要手段，为了对室内空间进行装饰，增加室内空间的层次感，渲染夜晚的室内灯光氛围，照明设计不仅仅保证了夜晚室内照明的作用，而且对灯具的材料、造型、比例、色彩、尺度都有一定的要求，通过灯光的强弱、色彩、明暗对比营造出宁静优雅、温馨柔和、怡情浪漫、欢乐喜庆的氛围。

4.1.3 经济性原则

灯光的设计不是以灯具数量、灯光亮度取胜，最重要的是在于科学、合理的设计，并且符合整体的规划。我们进行灯光设计的主要目的是体现其实用和美观的价值，避免设置过多的灯具，造成资源和经济的浪费（图 4–3）。

4.1.4 安全性原则

为室内空间选择和布置照明灯光一定要安全可靠，不能给室内空间留下安全隐患。

灯具安装场所是人们在室内活动频繁的场所，所以安全防护是第一位。 这就要求灯光照明设计绝对的安全可靠，必须采取严格的防触电、防短路等安全措施，并严格按照规范进行施工，以避免意外事故的发生。

图 4–2 美观性照明

图 4–3 经济性照明

室内灯光照明设计能够满足人们的多种需要，同时也能够表达空间形态、营造环境氛围。

室内灯光照明的作用主要有以下几个方面：

1. 室内灯光照明能够界定室内空间。运用不同种类、不同效果的照明方式，能够在不同的区域中形成一定的独立效果，从而达到界定空间的作用。

2. 室内灯光照明能够营造空间感。设计师通过照明方式、灯具种类、光线明暗等手法营造空间感。例如卧室需要营造一种适宜睡眠的氛围，因此很多人都会将卧室的灯光调得很暗，其实卧室灯光上，最好还是保证一盏能提供正常照明的灯，可在卧室安装几盏不同光度的灯，便于活动照明。同时，卧室的灯光还是以暖色调为主，更有助于睡前的安静和放松。

3. 烘托环境氛围。对于餐厅灯光，如果是家庭聚会或是公司同事聚会，最好还是把灯打亮，营造出活力热情的气氛；而如果是较亲密的朋友间聚会，可借由暖色灯光调节气氛，营造出轻松无压力的氛围，更舒适自在。

【任务实训】

任务 4.1	室内照明的原则与作用	页码：

引导问题：了解室内照明的原则与作用。

任务内容	组员姓名	任务分工	指导老师

1. 列举市场上中小户型样板间灯光照明所运用的照明原则，并作相关说明。

图片	原则	介绍

2. 列举市场上中小户型样板间灯光照明所起到的照明作用，并作相关说明。

图片	作用	介绍

任务 4.2　室内灯饰的选择

【任务描述】

掌握选择合适的灯饰的方法是学好住宅室内灯光照明的重要环节，只有对室内灯饰的分类进行充分的了解，才能对室内灯饰进行合理的选择，才能够把握住宅室内灯光照明设计本质，并在后面的课程中做出优秀的灯光照明设计。

4.2　室内灯饰的选择

相关知识：

选择灯饰是家装设计的重要环节，灯饰不仅满足了人们日常生活的需要，同时也对室内家装起到了重要的装饰作用，可以烘托空间氛围。

特别是在夜晚的时候，灯光往往会使整个室内空间表现出独特的气质。灯饰是室内设计非常重要的一个部分，很多情况下，灯饰会成为室内空间的亮点，每个灯饰都可以被看作是一件艺术品，它所投射出的灯光可以使空间的格调获得大幅提升。

那么我们应该如何来选择合适的灯饰呢？

4.2.1　如何选择合适的灯饰

1. 明确灯饰的作用

在为室内空间挑选灯饰的时候，首先需要明确灯饰在空间中扮演什么样的角色。例如，空间的层高比较高，就会显得空间比较大，这种空间就比较适合搭配吊灯，可以为空间带来平衡感。其次，还需要考虑吊灯是什么风格、需要多大的尺寸规格、灯光是暖色光还是白光等问题，这些都会影响室内空间的整体氛围（图 4–4）。

2. 灯饰需要风格统一

在一个室内空间中，如果要搭配多种灯饰，就需要考虑多种灯饰风格统一的问题。例如，客厅空间很大，需要将灯饰在风格上统一，避免各类灯饰在造型上相互冲突（图 4–5）。

在该欧式古典风格的室内空间中，使用吊灯作为空间的主照明光源，空间中的壁灯为辅助光源，壁灯的造型与吊灯的风格完全一致，保持了室内整体风格的统一。在沙发旁边还设置了用于局部照明的台灯，与吊灯、壁灯搭配也不显得突兀。

3. 满足空间功能需求

在一个室内空间中所使用的多个不同的灯饰需要能够互为补充，有主照明、氛围灯

图 4-4 灯饰的作用

图 4-5 灯饰的搭配

还有装饰灯。另外，在空间的功能上，以客厅为例，如果客厅有饰品，就需要灯光把它照亮，以便人们的欣赏（图 4–6）。

4. 选择合适的垂挂高度

选择灯饰时，除了考虑造型和色彩等要素，还需要结合悬挂位置的高度、大小等进行综合考虑。一般来说，层高较高的空间，灯饰选择挂吊式，并且垂挂吊具应该较长。这样，可以让灯饰占据空间纵向高度上的重要位置，从而使垂直维度更有层次感（图 4–7）。

图 4-6 灯饰的功能

图 4-7 灯饰的垂直高度

4.2.2 灯饰的造型

按造型分类，灯饰主要有吊灯、吸顶灯、壁灯、镜前灯、射灯、筒灯、落地灯、台灯、烛台等。

其中，吊灯、吸顶灯、壁灯、镜前灯、射灯和筒灯会被固定安装在特定的位置，不可以移动，属于固定式灯饰；落地灯、台灯和烛台属于移动式灯饰，不需要固定安装，可以根据需要自由放置。

1. 吊灯

吊灯是指吊装在室内天花板上的高级装饰用照明灯。

吊灯有单头吊灯和多头吊灯两种类型（图 4–8 和图 4–9）。单头吊灯多用于卧室、餐厅，而多头吊灯多使用在客厅。在安装不同的吊灯时，离地面的高度要求是不同的。一般情况下，在安装单头吊灯时要求离地面 2.2m，在安装多头吊灯时一般要保持在 2.2m 以上的高度，即比单头吊灯还要高一些，这样才能够保证整个室内空间的舒适性与协调性。

图 4-8　吊灯的造型 1

图 4-9　吊灯的造型 2

如图 4–10 所示的小户型的餐厅空间使用了单头吊灯，因为该餐厅空间的面积很小，而且与客厅和开放式厨房相连，所以只在餐桌的上方搭配了一个单头吊灯，用于就餐区域的照明。

如图 4–11 所示的客厅空间使用多头吊灯作为客厅空间的主照明，能够通过该多头吊

图 4-10　单头吊灯

图 4-11　多头吊灯

灯照亮整个客厅空间。

吊灯的特点是引人注目，因此吊灯的风格直接影响整个客厅的风格。带金属装饰件、玻璃装饰件的欧陆风情吊灯富丽堂皇；木制的中国宫灯与日本和式灯具富有民族气息；以不同颜色玻璃罩合成的吊灯美观大方；珠帘灯具给人以兴奋、耀眼、华丽的感觉；而以飘柔的布、绸制成灯罩的吊灯清丽怡人、柔和温馨。

2. 吸顶灯

吸顶灯是灯具的一种，顾名思义是由于灯具上方较平，安装时底部完全贴在屋顶上所以称之为吸顶灯。光源有普通白炽灯、荧光灯、高强度气体放电灯、卤钨灯、LED等。市场上最流行的就是 LED 吸顶灯，是家庭、办公室、文娱场所等经常选用的灯具（图 4–12）。

吸顶灯由于形似太阳，因此当时行业人士称之为“太阳灯”。

在安装吸顶灯时，要使其完全紧贴在室内空间的顶面上。吸顶灯适合作为空间的主照明使用。与吊灯不同的是，吸顶灯多用于层高较低的空间中，而吊灯多用于层高较高的空间中。

3. 落地灯

落地灯一般摆放在客厅，和沙发、茶几搭配，一方面满足该区域的照明需求，另一方面形成特定的环境氛围。落地灯常用作局部照明，强调移动的便利性，对于空间角落氛围的营造十分实用。落地灯直接向下照射，适合阅读等需要精神集中的活动；如果是间接照明，则可以调整整体的光线变化（图 4–13）。

落地灯的罩子，要求简洁大方、装饰性强。筒式罩子较为流行，花灯形、灯笼形也

图4–12　吸顶灯

图4–13　落地灯

应用较多。有些人喜欢自己动手编制罩子。

落地灯的支架多以金属、旋木或是利用自然形态的材料制成。支架和底座的制作或选择，一定要与灯罩搭配好，不能有“小人戴大帽”或者“细高个子戴小帽”，造成比例失调之感。落地灯的灯罩下边应离地面 1.8m 以上。

4. 台灯

台灯是室内家装常用的一种灯具。台灯主要把灯光集中在一小块区域内，便于工作和学习。台灯根据材质划分，可分为金属台灯、实木台灯、陶瓷台灯等；根据使用功能划分，可分为阅读台灯和装饰台灯。

阅读台灯的灯体外形简洁、轻便，是专门用于看书写字的台灯。这种台灯一般可以调整灯杆的高度、光照的方向和亮度，功能主要是为阅读照明。装饰台灯的外观豪华，材质与款式多样，灯体结构复杂，可以起到点缀空间的作用（图 4-14）。

5. 壁灯

壁灯是安装在室内墙壁上辅助照明的灯具（图 4-15）。

不同场所的壁灯安装高度是不一样的，卧室床头的壁灯距离地面的高度为 140~170cm；书房的壁灯距离桌面的高度为 144~185cm，一般距离地面 224~265cm；过道的壁灯安装高度应该略超过视平线，即距离地面 220~260cm。

壁灯是欧式古典设计风格中非常重要的设计元素之一。壁灯作为室内空间辅助照明的灯具之一，其外观需要与主照明灯具统一，从而保证整个室内空间风格的统一。

图4-14　台灯

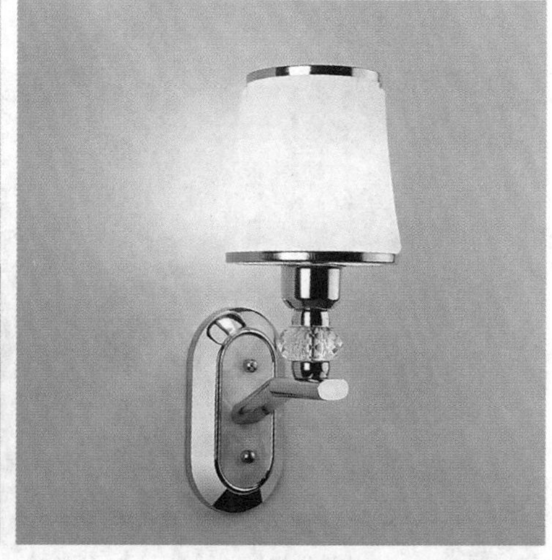

图4-15　壁灯

6. 筒灯、射灯

筒灯和射灯都是营造特殊氛围的照明灯饰（图 4–16）。

筒灯与普通明装的灯具相比更具有聚光性，一般用于辅助照明。筒灯不可以调节光源角度，一般用在过道、卧室及客厅。

射灯是一种高度聚光的灯具，它的光线照射是有特定目标的，主要用于特殊的照明，比如，营造很有韵味或者很有新意的氛围。在室内设计中，射灯一般用于客厅、卧室、电视背景墙、酒柜、鞋柜等，既可以对整体照明起主导作用，又可以局部照明，烘托气氛（图 4–17）。

图4-16　筒灯、射灯

7. 镜前灯

镜前灯一般是指固定在镜子上面或镜子上方的照明灯，作用是增强亮度，使照镜子的人更容易看清自己，所以往往配合镜子出现。常见的镜前灯有梳妆镜前灯和卫浴间镜前灯（图 4–18）。

图4-17　射灯的作用

图4-18　镜前灯

【任务实训】

任务 4.2	室内灯饰的选择	页码：

引导问题：了解市场上室内灯饰情况。

任务内容	组员姓名	任务分工	指导老师

1. 列举市场上中小户型样板间灯饰选择的原理，并作相关说明。

图片	原则	介绍

2. 列举市场上不同灯饰的造型种类，并作相关说明。

图片	作用	介绍

任务 4.3　室内照明方式及表现形式

【任务描述】

掌握室内照明方式和了解室内灯光的表现形式是学习好住宅室内灯光照明设计的重要环节，只有掌握了室内照明方式和了解室内灯光的表现形式，才能对室内灯光照明进行合理的设计，才能够把握住宅室内灯光照明设计的核心要点，并在后面的课程中做出优秀的灯光照明设计。

4.3　室内照明方式及表现形式

相关知识：

4.3.1 室内空间的照明方式

室内空间灯光照明方式有很多种，根据灯具光通量的分布状况及灯具的安装方式，可以分为以下几种：

1. 直接照明

直接照明是除了灯源射出的方向，其他方向不透光，有 90%~100% 的光通量到达假定的工作面上（图 4–19）。

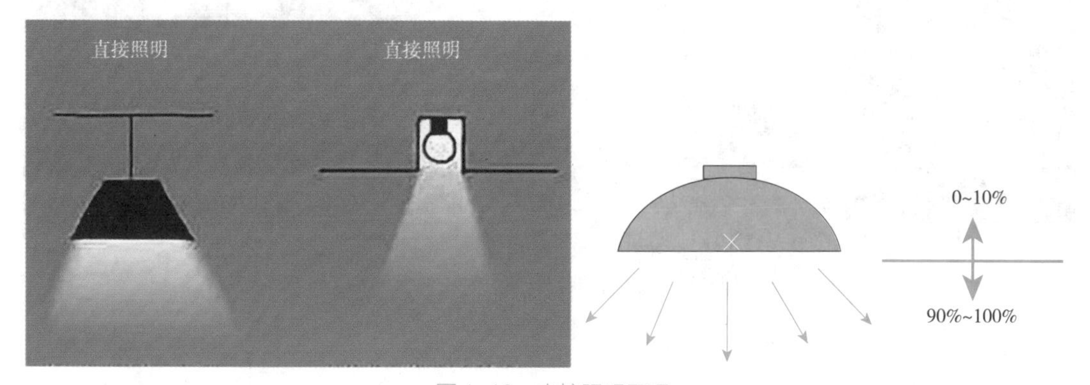

图4–19 直接照明原理

直接照明能够形成强烈的明暗对比，造成有趣生动的光影效果，可突出工作面在整个环境中的主导地位（图 4–20）。

图 4–20 直接照明效果

2. 半直接照明

半直接照明方式是半透明材料制成的灯罩罩住光源上部，有 10%~40% 的光线透过灯罩向上漫射照亮上部空间（图 4–21）。

半直接照明能让低矮的空间起到增高的效果。

一些低矮的户型空间可以采用这种照明方式来减小空间给人带来的压抑感（图 4–22）。

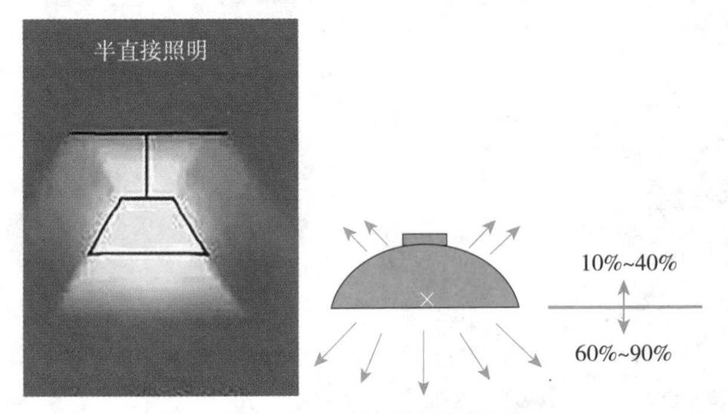

图 4–21　半直接照明原理

图 4–22　半直接照明效果

3. 间接照明

间接照明是将 90%~100% 光源遮蔽，遮蔽的灯光经过天花或墙壁，反射到工作面（图 4–23）。

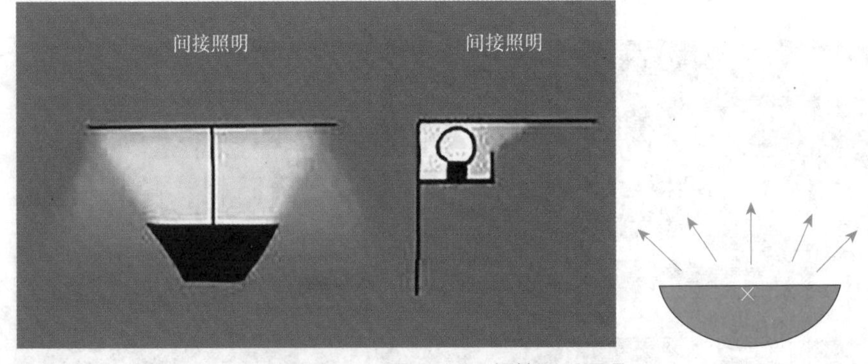

图 4–23　间接照明原理

在家装中最常见的间接照明方式就是灯带，间接照明光线柔和，通过营造光环境，表达空间的情绪，起到渲染空间的氛围的效果。

一般来说影响间接照明有三个因素：光源和受光面之间的距离（光源、墙面、天花

图 4-24　间接照明效果

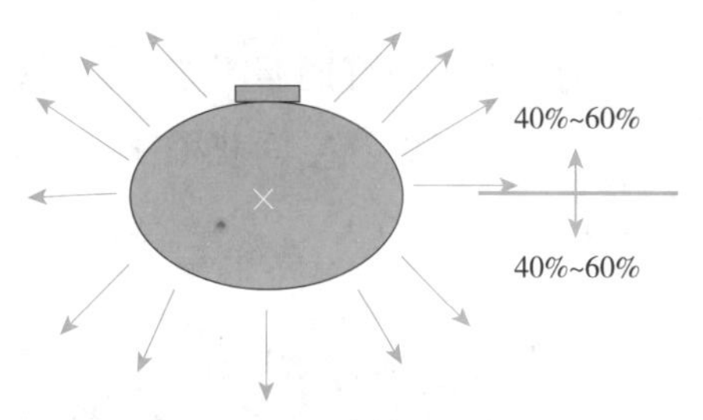

图 4-25　漫射照明方式

板之间的间隙）、光源的遮光（光产生的遮光线）、光面的条件（反射光的装修面质感）（图 4-24）。

间接照明一般不做主照明使用，多与其他照明方式配合使用，它主要起装饰作用，可以很好地增加空间艺术感。间接照明方式在商场、服装店、会议室等场所经常用到。

4. 漫射照明

漫射照明利用灯具的折射，使灯光产生漫射效果（图 4-25）。

漫射照明是利用灯具的折射功能来控制眩光，将光线向四周扩散漫射。这种照明大体上有两种形式，一种是光线从灯罩口射出经平顶反射，两侧从透明灯罩扩散，下部从格栅扩散。另一种是用半透明灯罩将光线全部封闭而产生漫射。这类光线柔和，视觉舒服（图 4-26）。

图 4-26　漫射照明效果

4.3.2　室内照明的表现形式

在家装照明的设计中，可以将照明的表现形式分为五大类，分别是一般照明、分区照明、局部照明、混合照明和重点照明，每一种照明形式都具有不同的设计原则。

1. 一般照明

一般照明是最为基础的一种灯光照明表现形式，它不用考虑过多的照明因素，主要目的是给室内空间带来一种相对均衡的照明效果。

为了获得较好的照明效果，将相同的照明灯具按照相对均匀的形式进行排列，从而在开启电源后，让空间获得比较均匀的照明效果，而这种灯光表现形式，常用于走廊等区域中（图 4–27）。

图 4–27　一般照明

2. 分区照明

分区照明是指按照实际的居住需求，将同一空间内某个区域的照明度提高，并且该区域所采用的灯光布置是按照一般照明形式设计的，最终使得该区域的照明也是均衡的。

在室内设计中，使用分区照明可以在一定程度上改善室内照明的质量，还能够避免不必要的能源浪费，保证光源的利用效率（图 4–28）。

图 4–28　分区照明

3. 局部照明

在室内的某个区域，设置一盏或多盏照明灯具，使之为该区域提供较为集中的光源，这就是局部照明的设计方式。例如，在床头安装床头灯，便是一种局部照明设计（图 4–29）。

图 4–29　局部照明

局部照明设计适合一些对照明要求较高的区域。例如，在书房中，人们通常会在书桌上放置一盏明亮度较高的台灯，用于局部照明。

4. 混合照明

通常情况下，人们将由一般照明与局部照明构成的灯光照明表现形式称为混合照明。从某个角度来说，这种照明设计其实就是以一般照明为基础，并在一般照明所覆盖的局部区域增强照明，这样一来，既可以增强区域内的灯光层次，又能够明确光照的功能性（图 4–30）。客厅区域通常会采用混合式照明。

5. 重点照明

用射灯、聚光灯等聚光性强的灯具强调所照射物体的形状、质地和颜色。重点照明大部分采用直接式的照明方法，这样能够起到突出的效果。

如图 4–31 所示的客厅空间的背景墙使用了多件艺术品进行装饰，并在艺术品的上方设置了灯带。通过灯带对艺术品进行重点照明，可以使空间的光照层次更加分明，并且突出艺术品的表现效果。

图 4–30　混合照明

图 4–31　重点照明

【任务实训】

任务 4.3	室内照明方式及表现形式	页码：

引导问题：了解室内照明方式及表现形式。

任务内容	组员姓名	任务分工	指导老师

1. 列举市场上中小户型样板间照明方式，并作相关说明。

图片	方式	介绍

2. 列举市场上中小户型样板间灯光照明表现形式，并作相关说明。

图片	表现形式	介绍

任务 4.4　室内不同空间的灯光运用

【任务描述】

掌握不同空间的灯光运用是学好住宅室内灯光照明设计的关键环节，只有掌握了不同空间的灯光运用，才能对室内灯光照明进行合理的设计，才能够把握住宅室内灯光照明设计的核心要点，并做出符合人们需求的灯光照明设计。

4.4　不同空间的灯光运用

相关知识：

灯光是室内空间环境的重要组成部分，灯光运用得好，不仅能更好地满足居住需求，还能够营造恰当的氛围，创造舒适的家居环境。了解灯光的基本应用和照明的类型，能够帮助我们更好地在室内设计中将各种光源用在恰当的空间，并获得满意的效果。

4.4.1 门厅的采光照明

门厅一般都不会紧挨着窗户，要利用自然光来提高亮度比较困难，而合理的灯光照明设计不仅可以提供照明，还可以烘托出温馨的氛围。门厅的照明一般比较简单，只要亮度足够即可。

由于门厅是人们进入室内第一眼看到的，也是整体室内空间的重要组成部分，因此灯具的选择一定要与整个空间的设计风格搭配。一般选择灯光柔和的筒灯或者嵌入天花板之内的灯带进行装饰。

门厅的灯光颜色原则上使用色温较低的暖色光，以突出家庭环境的温暖和舒适感。

门厅虽小，却是室内和室外的交界处，直接影响整体第一印象，特别是这个区域一般没有窗户，采光较差，因此灯光设计就显得非常重要（图 4-32）。

好的灯光设计需要分层处理，根据功能布局需要，一般设计时，需要从迎客照明、收纳柜照明、感应照明和穿衣镜照明四方面来考虑。

迎客照明也就是空间的主照明，光色应偏向柔和温馨，如果一进门就感觉过亮而刺眼，是必让人从生理上感觉不适应，所以灯光的色温建议用 4000K 的自然光，暖白光效，真正做到明而不眩，如果喜欢更温馨一点，也可以选 3000K 或 3500K，尽量不要选择过冷的灯光。用温暖的灯光作为欢迎朋友们的一种仪式感，来表现主人的热情是很不错的选择。但是，需要注意的是，尽量不要选择吊灯，特别是层高相对较低的室内空间，会使得视线重心向下，压低整个空间，比较推荐射灯、筒灯、吸顶灯作为主灯，另外再搭配线条灯来烘托温暖氛围（图 4-33）。

除了主照明，柜子的镂空处也可以做间接照明，如鞋柜的下方照亮鞋子，中间敞开

图 4-32 门厅照明

图 4-33 门厅分层照明

区域点缀饰品摆件，形成视觉聚焦，营造层次感（图 4–34）。

近几年，智能灯具的兴起，其便捷性受到了业内的强烈关注，特别是在设计师的推荐下，不少家庭都“种草”了人体感应灯，它们可以安装在鞋柜、收纳柜和踢脚线处等，主要方便进门，避免摸黑开灯，同时减少了碰撞的风险，而且也方便查找和拿取物品，找东西的时候，只要打开柜子或是有人经过，灯光就会自动亮起，离开之后，再慢慢熄灭。但也有部分的朋友表示有些灯光要么太灵敏，要么质量不好，体验感并没有想象中好，所以大家在选择智能灯具时，一定要选择有保障的店铺。

有些家庭，还会在门厅处设置穿衣镜，此处的灯光要注意，不宜直接照着头顶，因为这样会给面部制造阴影，反而会影响美感，灯光稍微靠近镜子即可（图 4–35）。

图 4–34　柜子间接照明

图 4–35　穿衣镜照明

总的来说，空间照明已经不再满足于照亮，功能与氛围一样重要，再小的空间，也需要精心的设计。

4.4.2　客厅的采光照明

客厅是室内空间活动率最高的场所，灯光照明需要满足聊天、会客、阅读、看电视等需求。一般而言，客厅的照明配置会利用主照明和辅助照明的灯光相互搭配，来营造空间的整体氛围。

客厅灯具一般选择吊灯或吸顶灯作为主照明光源，搭配其他辅助灯具，如壁灯、筒灯、射灯、落地灯等。

1. 沙发背景墙的照明（图 4–36）

考虑到人们在家里大多在沙发上消遣娱乐，沙发背景墙的灯光就不能只是为了突出墙面上出彩的装饰，还需要考虑坐在沙发上的人的主观感受。太强烈的光线容易造成眩光与阴影，让人觉得不舒服。所以应用尽量避免直射。

2. 电视背景墙的照明（图 4–37）

在电视机后方可以设置暗藏式的背光照明或利用射灯投射到电视机后方的光线，来弱化视觉的明暗对比，缓解视线过度集中于电视所产生的疲劳感。

客厅的电视背景墙通常采用射灯或者隐藏的灯带进行照明。在该客厅空间中，电视背景墙区域使用了暗藏式的灯带进行照明。因为电视背景墙采用了光滑的大理石材质，所以当光线照射在其表面上时，具有很好的反光作用，使电视背景墙看起来更加具有质感，并且能够缓解视线过度集中产生的疲劳感。

图 4–36 沙发背景墙照明

图 4–37 电视背景墙照明

3. 室内装饰的照明

客厅空间中的装饰画、盆景、艺术品等装饰可以采用具有聚光效果的灯具进行重点照明，从而加强空间的光影效果，突出表现房屋主人的个人品位和个性。

4.4.3 卧室的采光照明

卧室是人们用来休息的私密空间，除了要提供有助于睡眠的柔和光源，更重要的是要以灯光的布置来缓解人们白天紧张的生活压力。一般卧室的灯光照明可以分为普通照明、局部照明和装饰照三种。普通照明用于起居；局部照明则用于梳妆、阅读等；装饰照明主要用于营造卧室空间的氛围。

图 4-38 卧室照明

如图 4-38 所示的卧室空间的灯光照明方式非常全面，在空间的中心位置安装了吊灯作为普通照明光源，为整个卧室空间提供主要的照明；两侧床头柜上的台灯，都属于局部照明光源，当人躺在床上阅读时，可以提供局部照明；而空间顶部四周的筒灯和灯带，则属于装饰照明，主要用于渲染整体的空间氛围。

卧房照明最好采用天花板半间接或间接照明，这种在天花板上的照明灯，其背面的上方会有一圈较明亮的地方，越往下越暗，这种照明非常柔和，有利于休息，同时也比较省电。卧房内的光线必须适中和谐，因为床是静息之所，强光会使人心境不宁，弱光则不利于眼睛的健康。柔和的光线才能使居住者的身体和精神均保持良好的状态。在白天，不能长时间照射室内，否则会令室内温度上升。但也不能长期不见阳光，否则会使人意志消沉，也会影响身体的健康。虽然在睡觉时会将灯熄灭，但床头要保证能随时提供照明。这样不仅能满足阅读等的需求，还能营造卧室的氛围。一点局部的光照往往能产生温馨的氛围。

4.4.4 儿童房的采光照明

儿童房一般以整体照明和局部照明相结合的方式来配置灯光照明。整体照明使用吊灯、吸顶灯，为空间营造明朗、梦幻般的光效；局部照明使用壁灯、台灯、射灯等，满足不同的照明需要。选择的灯饰应该在造型、色彩上给孩子一个轻松、充满趣味性的环境，从而拓展孩子的想象力，激发孩子的学习兴趣。

儿童房的灯光照明设计，除了可以采用一些常规的灯光照明处理方式，还可以根据儿童房的设计特点，选择一些充满童趣的灯具，使灯具与儿童房空间更好融合，拓展孩子的想象力。

儿童房，既是孩子休息、睡眠的卧室，也是孩子的游戏与学习空间，对儿童的健康成长具有极大的意义。儿童房对于采光有较高的要求，家长最好给孩子选择向阳的房间，但如果条件不允许，在装修背阴的儿童房时，一定要注意把握好灯光环境，特别是在照明度方面一定要高于成年人的卧室，以保证房间拥有充足的照明，给足孩子安全感（图 4-39）。

根据国家住宅建筑照明标准以及结合儿童对照明的需求，儿童房的照度值应介于客厅与普通卧室之间，即儿童房内灯具的照度要高于成年人的卧室。特别是看书、学习的

图 4-39　儿童房照明

图 4-40　儿童房舒适的灯光环境

书桌位置，对照度的要求更高，可参考值在 500~750lx 之间，照度均匀度不低于 0.7。

至于色温方面，儿童房的色温建议选择在 2700~4000K 之间，柔和暖光与中性光既能带给儿童更舒适的环境，又不会产生强烈刺激损害到儿童的视力（图 4–40）。

3~4 岁这个年龄阶段是儿童的色彩敏感期，他们在这个时期开始对色彩有了反应和认识，会自觉地进行视觉上的色彩训练，而这个时间段对色彩产生的认知也极有可能会伴随他们的一生。因而，应该要为孩子们提供能高度还原物体颜色的光，换言之，在选择儿童房灯具时，应该选择显色指数在 90 以上的产品，这样才能更好地还原卧室物品的原本光彩。

8 岁以下的儿童眼球结构尚未发育成熟，会存在视力较弱的情况，因而儿童房的灯光必须保证是明亮清晰的。合适充足的照明，能让整个房间显得更温暖、更有安全感，有助于消除孩子独处时的恐惧感，亦有利于培养他们的独立生活能力。

首先，建议不给儿童房安装射灯，因为射灯聚光且光线又强，这样的光线对孩子来说并不舒适，且对他们的视力影响较大。

其次，应该为儿童房选择具有护眼功能的灯具，比如包含无频闪、防眩效果佳等优势的灯具产品，这样更有利于保护儿童的视力。现今市面上销售的优质无主灯灯具在防眩设计上都会安排多重处理，比如 LED 筒灯会通过优化面罩的材质与工艺来缓解眩光问题，或者通过调整遮光角来避免眩光，因而大家在购买产品时可以细心留意产品详情页中对灯具防眩设计的介绍，就能大致判断出灯具的防眩效果如何。

图4-41 儿童房起夜灯

另外，建议儿童房得安装上踢脚线灯或LED感应地脚灯，方便孩子在夜间起床，不用担心他们会摸黑不小心跌倒；窗帘盒中也可以加入LED线条灯，让孩子不用再惧怕黑漆漆的夜晚，给予充足的安全感（图4-41）。

儿童房一般分为睡眠区、学习区、游戏区这三个功能分区，每个分区对于光照都有一定的要求，不可随意对待。

4.4.5 书房的采光照明

书房是人们在家里阅读、工作、学习的重要空间，灯光布置主要遵循明亮、均匀、自然、柔和的原则，不加任何色彩，避免使人疲劳。

如果是与客房或休闲区共用的书房，可以选择半封闭、不透明的金属工作灯，将灯光集中投射到桌面上。这样既满足了书写的需要，又不影响室内其他活动。

对于很多现代人来讲，书房的功能开始变得多样化，不再是单纯的看书的地方了，在更多的时间里书房扮演的是“家庭办公室”或者是“游戏厅”的角色，不过对于一个真正喜欢学习、喜欢看书的人来说，书房对他们来说无疑是家中最重要的地方（图4-42）。

1. 书房的基本照明要求

书房本质上是一个偏向工作的空间，所以在照度上相应要提高。国家相关标准中没有针对书房的照度要求，但是我们可以参照办公室，书桌的工作面照度，一般需要300~500lx的照度，色温我们也可以选择4000K的中性色温，这样才能保证人在学习或者工作时候，可以保持头脑清醒，如果选择3000K的暖光，很容易让人有困倦的感觉（图4-43）。

当然并不是照度达到要求就可以了，还要考虑亮度以及亮度比等问题，我们在空间设计时，书桌的颜色尽量不要很深或者很浅。

比如，书桌颜色是黑色，书本的颜色基本上都是白色的，在看书时候虽然桌面的照度符合要求，但是由于黑色是不反光的，所以书本的亮度会感觉特别高，这样很容易造成眼睛疲劳。如果书桌是白色的，书本的反射没有桌面反射亮度高，同样会带来一种不舒适的感觉，所以在前期设计时需要考虑到这一点。

图 4-42　书房照明设计

图 4-43　书房色温照明

一些办公空间或者教室，一般会采用平均照明的方式去设计，这样可以得到无死角的照明，顶面使用平均分布的筒灯或者栅格灯、荧光灯，平均分布，形成了均匀的照明，但是，在家庭书房中，如果也是这样采用平均光照明的话，虽然可以得到充足的照明，但是会失去装饰感以及温馨感，所以在书房照明时依然要使用重点照明，加上基础照明的方式来打造（图 4-44）。

图 4-44　书房重点照明 + 基础照明方式

2. 书桌面和书柜照明

书房的重点照明区域有两个，一个是书桌面，另一个是书柜的照明，首先来讲解书桌面的照明。

间接照明不适合工作照明，所以书桌区域不能使用间接照明作为重点光进行使用，书桌照明最好的方式是采用直接光或者半直接光的照明方式去照亮书桌（图 4-45）。

如图 4-46 所示的书桌处于空间中心位置并且位置固定的书房，书桌本身是空间的重点也是亮点，我们可以使用吊灯进行书桌的照明。吊灯本身具有很好的装饰价值，每种设计风格都有不同的吊灯造型，所以使用吊灯，可以打造出不同风格感的空间效果。

除了使用吊灯，在一些无主灯照明的空间中，我们还可以采用射灯的照明方式。

射灯属于聚光灯，会产生强烈的光影对比，所以在安装时，射灯不能放置到我们头

图 4-45　书桌照明方式

图 4-46　吊灯书桌照明

顶，或者背后，书桌前面的这块区域称之为干扰区，如果灯光安装在干扰区，很容易产生间接眩光所导致的光幕反射，光幕反射会让我们无法看清书中的内容。

书桌的照明可以采用台灯的照明方式，很多人认为台灯是书房必备的照明，可见台灯的重要性。由于台灯照明的区域性强，所以使用台灯时，除了工作区域是亮的，其他区域相对比较暗，这样可以让人注意力更加集中，但是由于这个特点，书桌周边的照度可能不够，所以使用台灯作为书桌的重点照明时，必须搭配基础光作为背景光使用（图 4-47）。

书柜在空间中除了存储作用以外就是装饰作用，书房氛围的营造离不开书柜的装饰。书柜的照明主要还有两个目的，第一个是功能性，为了在查阅图书时清晰地看清书的位置；第二个是装饰性，书柜不仅是存放书的地方，也是展示品存放的地方，所以好的照明可以很好地将装饰品或者工艺品的装饰性体现出来（图 4-48）。

图 4-47　书桌台灯照明方式

图 4-48　书桌书柜装饰照明

4.4.6 厨房的采光照明

厨房的照明灯具应该以功能性为主，外形大方，并且便于打扫清洁。在中小户型的室内空间中，厨房与餐厅合二为一的格局越来越多见，选用的灯具要注意外形以简约的线条为主，灯光照明则按区域功能进行规划，就餐区域与厨房烹饪区域可以分开进行控制，烹饪时开启厨房烹饪区域的灯光照明，用餐时则开启就餐区域的灯光照明（图 4–49）。

图 4–49　厨房照明

4.4.7 餐厅的采光照明

餐厅的照明要求色调柔和、宁静、有足够的亮度，这样不仅使人们能够清楚地看到食物，还能够与周围的环境、家具、餐具等相互匹配，构成一种视觉上的整体美感。选择灯饰时最好跟室内空间的整体风格保持一致，同时考虑餐厅的面积、层高等因素（图 4–50）。

图 4–50　餐厅照明

层高较低的餐厅空间应该尽量避免使用吊灯，否则会让层高看起来更低，若不小心甚至还会经常发生碰撞，筒灯或吸顶灯是主光源的最佳选择。层高过高的餐厅使用吊灯不仅能够让空间显得更加华丽、有档次，也能够缓解过高的层高带给人们的不适感。

4.4.8 卫生间的采光照明

卫生间的灯具一定要有可靠的防水性和安全性，而且外观造型和颜色可以根据主人的兴趣及爱好进行选择，但需要与整体布局相协调（图 4–51）。

图 4–51　卫生间照明

如果卫生间空间比较狭小，可以将灯具安装在吊顶的中间，这样光线四射，从视觉上有扩大空间的效果。考虑到狭小卫生间的干湿分离效果不理想，不建议使用射灯进行背景式照明。因为射灯虽然漂亮，但是防水效果普遍较差，一般用不了多久就会损坏。

【任务实训】

任务 4.4	室内不同空间的灯光运用	页码：

引导问题：如何掌握室内不同空间的灯光运用。

任务内容	组员姓名	任务分工	指导老师

列举室内不同空间的灯光运用，并作相关说明。

空间名称	方式	介绍

项目 5

室内人体工程学

知识目标：通过对人体工程学的概念、人体尺寸的学习，了解人体尺寸与室内设计中空间、家具设计和心理空间的关系。

技能目标：掌握人体工程学与室内设计，能够根据人的行为心理进行住宅空间设计。明确符合人体工程学的室内环境能够为人们提供一个安全、健康、舒适的学习氛围和工作环境，以提高人的生活质量。

素质目标：养成精益求精的工匠精神。

【思维导图】

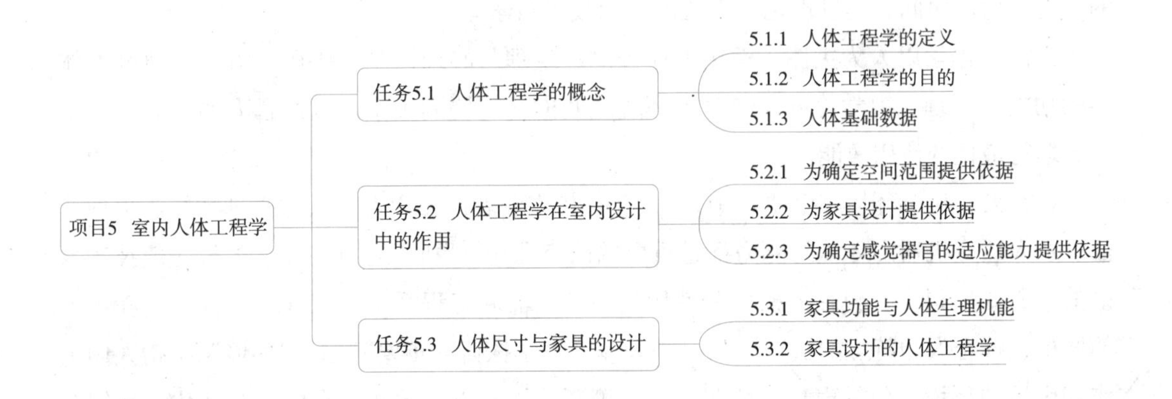

任务 5.1　人体工程学的概念

【任务描述】

第一次世界大战时期人们发现，受伤的士兵并非都是在战场上被对方击伤，而是以自伤的居多。其原因是当时步枪的枪托设计是直的，没有考虑到与人的肩锁骨相吻合，由此，人们推进了对人体工程的研究。第二次世界大战期间，人们开始运用人体工程学的原理和方法，探究在坦克、飞机的内舱设计中，如何使人在舱内有效的操作和战斗，并尽可能使人长时间地在小空间内，减少疲劳感。第二次世界大战后，人体工程学逐渐扩展到工业与工程设计领域，如飞机、汽车和机械设计等，并逐渐与大工业化产品密切关联。如今，人体工程学强调从人自身出发，在以人为主体的前提下研究人们的一切生活、生产活动。

5.1　人体工程学的概念

5.1.1　人体工程学的定义

人体工程学是研究“人—机—环境”系统中三大要素之间关系，为解决该系统中人的效能，为健康问题提供理论与方法的一门技术科学。

人体工程学以人为主体，运用人体计测、生理与心理计测等手段和方法，研究人体结构功能、心理、力学等方面与室内环境之间的合理协调关系，以适合人的身心活动要求，取得最佳的使用效能。

1. 在人、机、环境三个要素中，“人”是指作业者或使用者，人的心理特征、生理特征以及人适应机器和环境的能力都是重要的研究课题。“机”是指机器，但较一般技术术语的意义要广得多，包括人操作和使用的一切产品和工程系统，怎样才能设计出满足人的要求、符合人的特点的机器产品，是人体工程学探讨的重要问题。“环境”是指人们工作和生活的环境，包括声音、照明、气温等环境因素以及无处不在的社会文化，它们对人的工作和生活的影响，是人体工程学研究的主要对象。

2. “系统”是人体工程学最重要的概念和思想。人体工程学的特点：它不是孤立地研究人、机、环境这三个要素，而是从系统出发，将它们看成是一个相互作用、相互依存的系统。“系统”由相互作用和相互依赖的若干部分结合而成的具有特定功能的有机整体。人体工程学讨论的“人机系统”具有“人”和“机”两个组成部分，它们通过显示仪、控制器以及人的感知系统和运动系统相互作用、相互依赖，从而完成某一个特定的生产过程。

3.“效能”主要是指人的作业效能，即人按照一定要求完成某项作业时所表现出的效率和成绩。工人的作业效能由其工作效率和产量来测量。一个人的效能取决于工作性质、人的能力、工具和工作方法，取决于人、机、环境三个要素之间的关系是否得到妥善处理。

4.“健康”包括身心健康和安全。近几十年来，人的心理健康受到广泛重视。心理因素能直接影响生理健康和作业效能，因此，人体工程学不仅要研究某些因素对人的生理损害，如强噪声对听觉系统的直接损伤，而且要研究这些因素对人的心理损害，如有的噪声虽不会直接伤害人的听觉，却造成心理干扰，引起人的应激反应。安全是与事故密切相关的概念。事故一般是指发生概率较小的事件，研究事故主要是分析造成事故的原因，人体工程学着重研究造成事故的人为因素。

5.“舒适”就是要使工作者、生活者和操作者觉得满意和舒适。当然，这是人体工程学的更高要求。

5.1.2 人体工程学的目的

人体工程学主要是研究科技和环境的交互作用，在实际的工作、学习、生活环境中，人体工程学者应用这些学科知识进行设计，以达到人类安全、舒适、健康，提高工作效率的目的。从室内家装设计角度来说，人体工程学主要通过对人、家具、设施、空间和环境系统的研究，提高设计人员对该系统的正确认识，使设计人员在设计中利用人体工程学的知识，主动创造安全、健康、高效和舒适的工作和生活环境。具体来说，人体工程学可以为设计提供以下指导：

1. 为确定活动空间范围提供设计依据。

2. 为家具设计提供依据。

3. 为环境系统的优化提供设计依据。

4. 设计中对事故的预防。

5. 为重要类型（如住宅、办公室和学校等）的环境设计提供人体工程学理念和设计指导。

6. 为弱势群体的环境和设施设计提供设计依据。

5.1.3 人体基础数据

1. 人体构造

与人体工程学关系最紧密的是运动系统中的骨骼、关节和肌肉，这三部分在神经系统支配下，使人体各部分完成一系列的运动。骨骼由颅骨、躯干骨、四肢骨三部分组成，脊柱可完成多种运动，是人体的支柱，关节起骨节间连接和活动的作用，肌肉中的骨骼肌受神经系统指挥收缩或舒张，使人体各部分协调动作。

2. 人体尺度

人体尺度是人体工程学研究的最基本的数据之一，由于种族差异、时代差异、年龄差异、性别差异、障碍差异以及人的心理空间尺度差异等，人的时适宜尺寸也同样存在差异。

3. 人体动作域

人们在室内各种工作和生活活动范围的大小，即动作域，它是确定室内空间尺度的重要依据之一。以各种计测方法测定的人体动作域，也是人体工程学研究的基础数据。如果说人体尺度是静态的、相对固定的数据，人体动作域的尺度则为动态的，其动态尺度与活动情景状态有关。

室内设计时人体尺度具体数据尺寸的选用，应考虑在不同空间与围护的状态下，人们动作和活动的安全以及对大多数人的适宜尺寸，应强调室内设计是以安全为前提的。

例如：对门洞高度、楼梯通行净高、栏杆扶手高度等，应取男性人体高度的上限，并适当加以人体动态时的余量进行设计；对踏步高度、上搁板或挂钩高度等，应按女性人体的平均高度进行设计。

水平作业和垂直作业区域如图 5-1 所示。

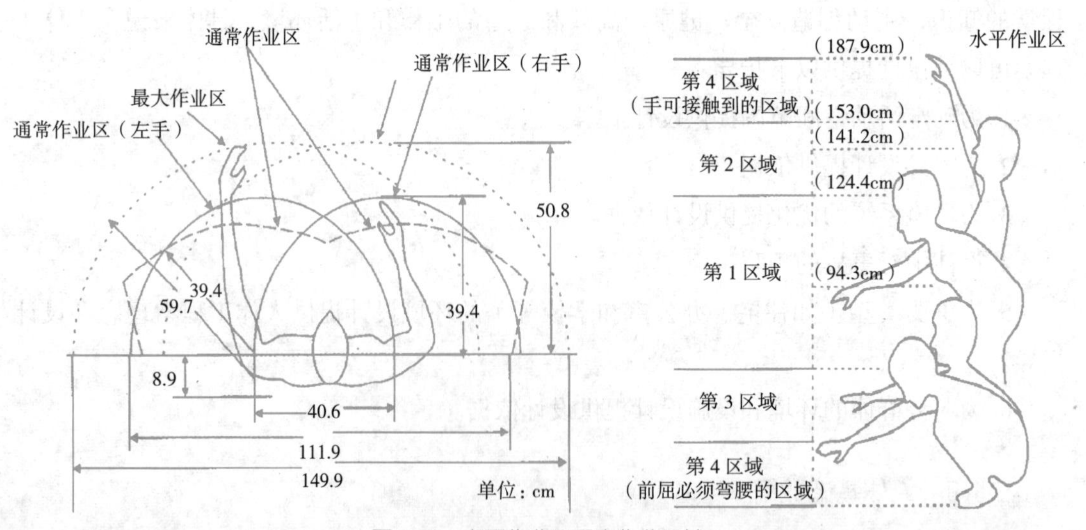

图 5-1　水平作业和垂直作业区域

人体各组成部分所占质量和面积的百分比及其标准偏差数据（表 5–1 和表 5–2）有利于求得人体在各种状态时的重量分布和人体及各组成部分在动作时可能产生的冲击力，例如人体全身的重心在肚脐稍下方，因此对设计栏杆扶手的高低，栏杆可能承受人体冲击时的应有强度计算等都将具有实际意义。

人体各组成部分所占质量的百分比及其标准偏差 **表 5–1**

身体各部分	头	躯干	手	前臂	前臂 + 手	上臂	一条手臂	两条手臂	脚	小腿	小腿 + 脚	大腿	一条腿	两条腿
质量百分比（%）	7.28	50.70	0.65	1.62	2.27	2.63	4.90	9.80	1.47	4.36	5.83	10.27	16.11	32.22
标准偏差（kg）	0.16	0.57	0.02	0.04	0.06	0.06	0.09	—	0.03	0.10	0.12	0.23	0.26	—

人体各部分的面积比 **表 5–2**

身体各部分	头和颈	胸	背	下腹	臀部	右上臂	左上臂	右下臂	左下臂	右手	左手	右大腿	左大腿	右小腿	左小腿	右脚	左脚	总计
质量百分比（%）	8.7	10.2	9.2	6.1	6.6	4.9	4.9	3.1	3.1	2.5	2.5	9.2	9.2	6.2	6.2	3.7	3.7	100

【任务实训】

任务 5.1	人体工程学的概念	页码：

引导问题：了解人体基础数据。

任务内容	组员姓名	任务分工	指导老师

续表

任务 5.1	人体工程学的概念	页码：

1. 测量人体基础数据。

序号	身体部位	测量尺寸

2. 对全班测量到的数据进行整理分析。

序号	身体部位	测量尺寸

任务 5.2　人体工程学在室内设计中的作用

【任务描述】

现代室内设计越来越注重以人为本的原则，强调人与人、人与社会的协调，即所谓的人性化设计。人体的结构非常复杂，从人类活动的角度来看，人体的运动器官和感觉器官与活动的关系最为密切。在运动器官方面，人的身体有一定的尺度和活动能力的限度。不论采取何种姿态进行活动，都需要考虑到一定的距离和方式，因此与活动相关的空间和家具设施的设计必须考虑人的体形特征、动作特性和体能极限等人体因素。在感觉器官方面，人的知觉和感觉与室内环境之间存在着密切的关系。周围的温度、湿度、光线、声音、色彩、比例等环境因素直接而强烈地影响着人的知觉和感觉，进而影响人的活动效果。

通过分析研究人体在不同姿势下的动作舒适区、动作的速度、顺序和节奏等，可以得出最小和最佳的空间尺寸以及室内的行动路线图，为设计者确定空间范围提供有效的依据。例如，不同形状的空间会给人带来不同的心理感受。严谨规则的方形、圆形、八角形等空间形式给人一种端正、平稳、肃穆的氛围；而不规则的空间形式则给人一种随意、自

5.2　人体工程学与室内设计

然、流畅、无拘无束的氛围；大空间让人感到宏伟、开阔；而高耸的空间则让人感到崇高甚至神秘；低矮水平的空间则给人一种温暖、亲切、富有人情味的感觉。因此，了解人的知觉和感觉特性可以成为建立环境设计的标准。

相关知识：

5.2.1 为确定空间范围提供依据

不同因素会影响空间的大小和形状，但最主要的因素是人们的活动范围以及家具和设备的数量和尺寸。因此，在确定空间范围时，需要考虑以下几点：使用该空间的人数、每个人所需的活动面积、该空间中的家具和设备种类以及它们所占用的面积。

为确保研究问题的准确性，首先需要测定不同性别成年人和儿童在站立、坐姿和卧姿时的平均尺寸。此外，还需要测定人们在使用各种家具和设备以及进行各种活动时所需的空间面积和高度。这样一来，一旦确定了空间中的总人数，就可以确定合理的空间面积和高度。

例如，沙发组所需空间尺寸如图 5-2 所示。

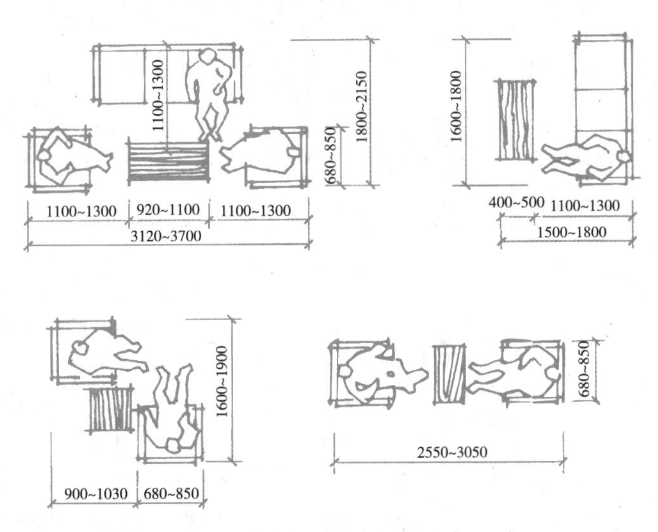

图 5-2 沙发组所需空间尺寸（mm）

5.2.2 为家具设计提供依据

人体工程学为家具、设施的形态、尺寸以及使用范围提供了指导。人体各个部位的尺寸和功能尺寸决定了家具的最佳尺寸，组合方式以及室内空间的尺寸比例等。

无论是人体家具还是储物家具，它们都必须满足使用要求。人体家具如椅子、桌子和床需让人们坐得舒服、书写方便、睡得舒适、安全可靠以及减少疲劳感。而储物家具需提供适合储存各种物品的空间，并方便人们存取。为满足上述要求，设计家具必须以人体工程学为指导，使家具符合人体基本尺寸和从事各种活动所需要的尺寸。家具尺寸的应用通常由人体总高度、宽度决定其物体的尺寸。例如，门、通道、床等物体，首先应以较高个子的尺寸需求为标准，而由人臂长、腿长等尺寸决定的物体则应以较矮个子的尺寸需求为标准。人体与各类家具的尺度如图 5-3 所示。衣柜各部分的常用尺寸如图 5-4 所示。

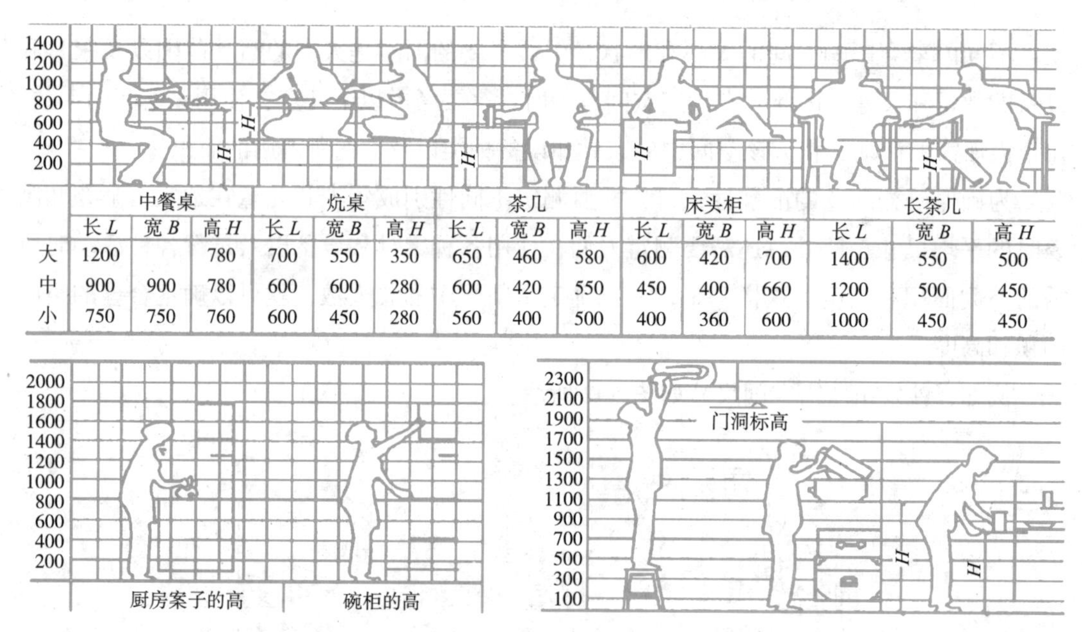

	中餐桌			炕桌			茶几			床头柜			长茶几		
	长 L	宽 B	高 H	长 L	宽 B	高 H	长 L	宽 B	高 H	长 L	宽 B	高 H	长 L	宽 B	高 H
大	1200		780	700	550	350	650	460	580	600	420	700	1400	550	500
中	900	900	780	600	600	280	600	420	550	450	400	660	1200	500	450
小	750	750	760	600	450	280	560	400	500	400	360	600	1000	450	450

图 5-3　人体与各类家具的尺度（mm）

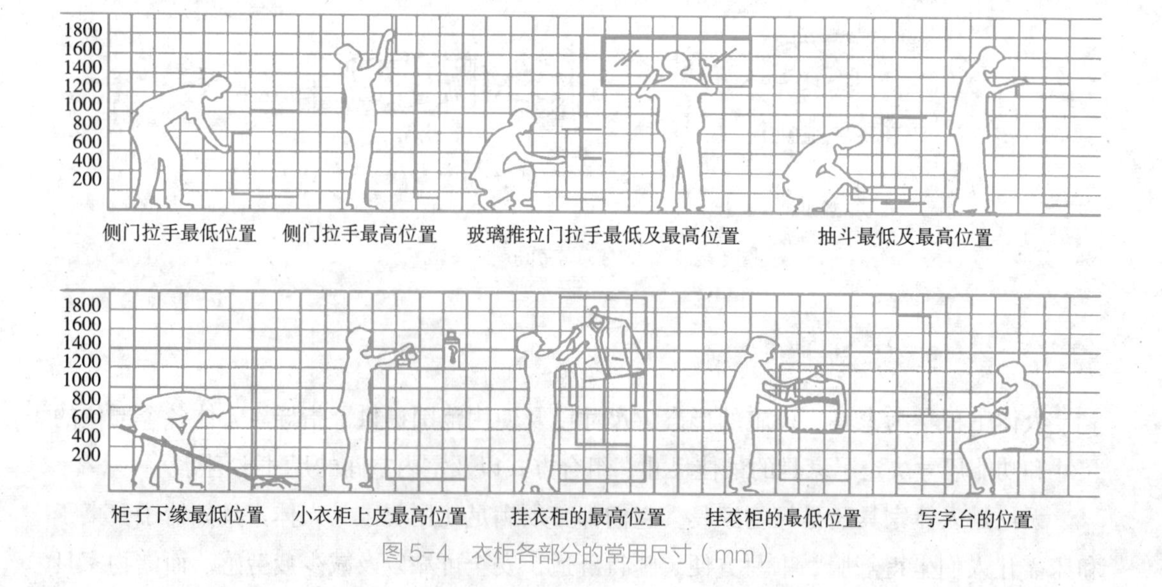

图 5-4　衣柜各部分的常用尺寸（mm）

5.2.3 为确定感觉器官的适应能力提供依据

人的感觉可以分为视觉、听觉、触觉、嗅觉、味觉等，室内物理环境中的热、声、光、重力、辐射等对人体产生不同的感受，例如，在睡眠时，人体需要 273kJ/h 的热量；生活交谈时，正常语音距离为 0.9m，强度为 55dB；居住环境中，适宜温度范围在 16~24℃之间，相对湿度在 40%~60% 之间，冬季的相对湿度不应低于 35%，夏季不应高于 70% 等。

同时，人的感觉能力也受到年龄、性别等因素的影响，因此在人体工程学研究中，不仅需要研究一般规律，还需要研究不同人群间感受能力的差异。

在听觉方面，人体工程学研究的第一个问题是人的听觉阈限，即什么样的声音能被听到。实验结果表明，一般婴儿可以听到 2000Hz 频率的声音，成年人能听到 216000~18000Hz 的声音，而老年人只能听到 10000~12000Hz 范围内的声音。其次，要研究声音的大小对人的心理反应，如声音反射、回声等现象。例如，110dB 的声音会让人感到不舒服，132dB 的声音可以让人感到刺痒，140dB 的声音可能会让人感到疼痛而 150dB 的声音则可能会损坏听觉器官。听觉范围较广，一般在 7m 范围内耳朵的灵敏度很高，可以轻松进行交谈。而在 35m 处，人还能听清演讲，但已无法进行实际的交谈。一旦距离达到 1km 或更远，只有极强的噪声，如大炮声或高空的喷气式飞机声才可以被听到。

在环境中，当背景噪声超过 60dB 时，进行正常的交谈几乎不可能了，交通拥挤的道路噪声水平正是这个值。因此，要在这种条件下交谈，必须靠得很近，小到 5~15cm 的距离内讲话。如果成人要与儿童交流，则必须躬身俯近他们。这意味着，当噪声水平很高时成人与儿童之间的交流会完全消失，儿童无法询问他们所看的东西，也不可能得到回答。要进行正常交谈的背景噪声水平应小于 60dB。如果要听清别人的轻声细语、脚步声、歌声等社会场景要素，噪声水平必须降至 45~50dB 以下。

在视觉方面，人体工程学研究人的视野范围、视觉适应、视错觉等生理现象。人体具有更大的工作范围，可看到天上的星星，也可以清晰地看到没声音的飞机。在 0.5~1km 的距离内，人们可以根据背景和光照程度看清和辨别人群。在大约 100m 外，就能看出具体人的外貌特征。在 70~100m 的距离可以比较确定人的性别、大致年龄和活动。在 30m 内可以看出脸部特征、发型和年龄。20~25m 内可以看清人的面部表情和心情。

此外，人体工程学还要研究触觉、嗅觉等方面的问题。研究这些问题并找出规律，有助于确定室内环境的各种条件，如色彩配置、景物布局、温度、湿度、声学要求等。人们的心理空间往往是设计师对室内空间进行有效布置的依据，人体工程学提供了适宜的环境的最佳参数，帮助人们塑造有利于身心健康的工作、生产、生活和休息的良好环境。

【任务实训】

任务 5.2	人体工程学在室内设计中的作用	页码：

引导问题：了解人体工程学在室内设计中的作用。

任务内容	组员姓名	任务分工	指导老师

1. 测量教室内家具基础数据。

序号	家具	测量尺寸

2. 对全班测量到的数据进行整理分析。

序号	家具	测量尺寸

任务 5.3　人体尺寸与家具的设计

【任务描述】

家具产品本身是为人使用的，所以，家具设计中的尺度，造型、色彩及其布置方式都必须符合人体生理、心理尺度及人体各部分的活动规律，以便达到安全、实用、方便、舒适、美观的目的。

相关知识：

5.3.1 家具功能与人体生理机能

人体工程学在家具设计中的应用，就是特别强调家具在使用过程中对人体的生理及心理反应，并对此进行科学的实验和计测，在进行大量分析的基础上为家具设计提供科学的依据。同时，把人的工作、学习、休息等生活行为分解成各种姿势模型，根据人的立位、坐位和卧位的基准点来规范家具的基本尺度及家具间的相互关系。

具体来说，在家具尺度的设计中，柜类、不带座椅的讲台及桌类的高度设计以人的立位基准点为准；座位使用的家具，如写字台、餐桌、座椅等以座位基准点为准；床、沙发床及榻等卧具以卧位基准点为准。如设计座椅高度时，就是以人的坐位基准点（坐骨结节点）为准进行测量和设计，高度常定在 390~420mm 之间，因为高度小于 380mm，人的膝盖就会拱起引起不舒适的感觉，而且起立时显得困难；高度大于人体下肢长度 500mm 时，体压分散至大腿部分，使大腿内侧受压，下腿肿胀等。另外，座面的宽度、深度、倾斜度、脊背弯曲度都无不充分考虑人体的尺度及各部位的活动规律。在框类家具的深度设计、写字台的高度及容腿空间、床垫的弹性设计等方面也无不以人为主体，即从人的生理需要出发。家具功能合理很主要的一个方面，就是如何使家具的基本尺度适应人体静态或动态的各种姿势变化，诸如休息、座谈、学习、娱乐、进餐、操作等。而这些姿势和活动无非是靠人体的移动、站立、坐靠、躺卧等一系列的动作连续协同来完成的。

在家具设计中对人体生理机能的研究可以使家具设计更具科学性。由人体活动及相关的姿态，人们设计生产了相应的家具，根据家具与人和物之间的关系，可以将家具划分成三类：

（1）坐卧类（支承类）家具

与人体直接接触，起着支承人体活动的坐卧类家具（又分为坐具类和卧具类），如椅、凳、沙发、床、榻等。其主要功能是适应人的工作或休息。

（2）凭倚类家具

与人体活动有着密切关系，起着辅助人体活动、供人凭倚或伏案工作、并可贮存或陈放物品的凭倚家具（虽不直接支承人体，但与人体构造尺寸和功能尺寸相关），如桌、台、几、案、柜台等。其主要功能是满足和适应人在站、坐时所必须的辅助平面高度或兼作存放空间之用。

（3）贮存类（贮藏类）家具

与人体产生间接关系，起着贮存或陈放各类物品以及兼作分隔空间作用的贮存类家具，如橱、柜、架、箱等。其主要功能是有利于各种物品的存放和存取时的方便。

这三大类家具基本上囊括了人们生活及从事各项活动所需的家具。家具设计是一种创造性活动，它必须依据人体尺度及使用要求，将技术与艺术等诸要素完美的结合。

5.3.2 家具设计的人体工程学

建筑类家具的设计主要依据人体身高和动态活动范围，并按人体工程学的原则根据人体操作活动的范围来安排，且考虑物品使用频率来安排所存放的位置（图 5-5）。

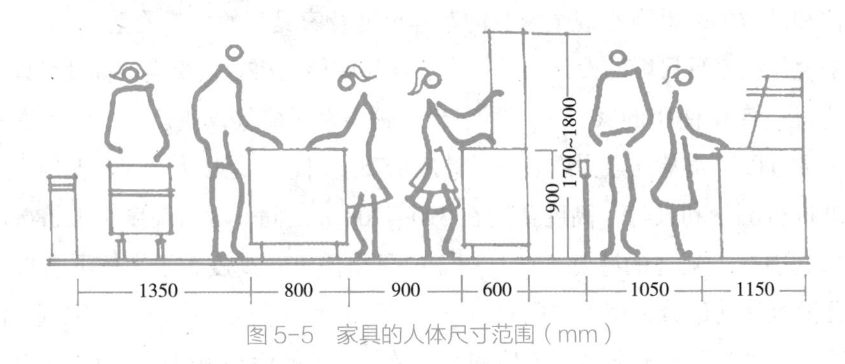

图 5-5　家具的人体尺寸范围（mm）

1. 家具设计的人体工程学——椅

坐与卧是人们日常生活中最多动的姿态，如工作、学习、用餐、休息等都是在坐卧状态下进行的。因此，椅、凳、沙发、床等坐卧类家具的作用就显得特别重要。

坐卧类家具的基本功能是满足人们坐得舒服、睡得安宁、减少疲劳和提高工作效率。其中，最关键的是减少疲劳。在家具设计中，通过对人体的尺度、骨骼和肌肉关系的研究，使设计的家具在支承人体动作时，将人体的疲劳度降到最低状态，也就能得到最舒服、最安宁的感觉，同时也可保持最高的工作效率。

高（中）靠背办公座椅、工作面、搁脚板的配合尺寸如图 5-6 和图 5-7 所示。

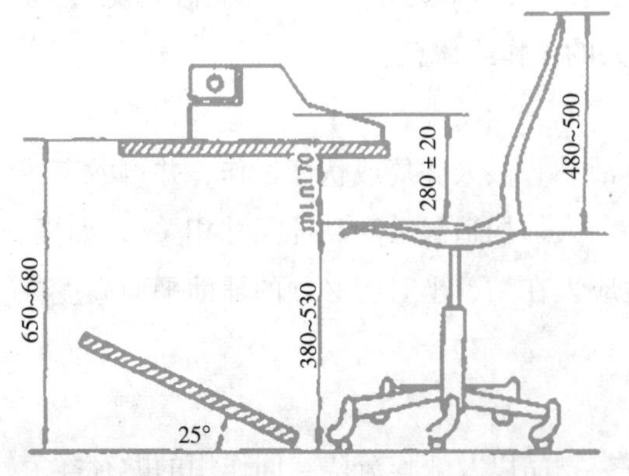

图 5-6　高靠背办公座椅、工作面、搁脚板的配合尺寸（mm）

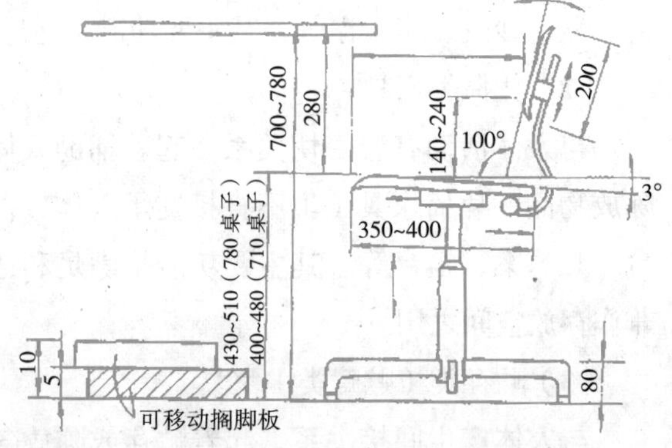

图 5-7　中靠背办公座椅、工作面、搁脚板的配合尺寸（mm）

2. 家具设计的人体工程学——卧具

卧具主要是床和床垫类家具的总称。卧具是供人睡眠休息的，使人躺在床上能舒适并尽快入睡，以消除每天的疲劳，便于恢复工作精力和体力。所以床及床垫的使用功能必须注重考虑床与人体的关系，着眼于床的尺度与床面（床垫）弹性结构的综合设计。

（1）睡眠的生理机制

睡眠是每个人每天都进行的一种生理过程。每个人的一生大约有 1/ 3 的时间在睡眠，睡眠是为了更好、有更充沛精力地去进行各种活动的基本休息方式。因而与睡眠直接相关的卧具的设计（主要是指床的设计），就显得非常重要。睡眠的生理机制十分复杂，至今科学家们也并没有完全解开其中的秘密，只是对它有一些初步的了解。一般可以简单地认为睡眠是人的中枢神经系统兴奋与抑制的调节产生的现象。日常活动中，人的神经系统总是处于兴奋状态。到了夜晚，为了使人的机体获得休息，中枢神经通过抑制神经系统的兴奋性使人进入睡眠。休息的好坏取决于神经抑制的深度也就是睡眠的深度。通过测量发现人的睡眠深度不是始终如一的，而是在进行周期性变化。

睡眠质量的客观指征主要有：一是上面所说的睡眠深度的生理测量；二是对睡眠的研究发现人在睡眠时身体也在不断地运动，经常翻转，采取不同的姿势。而睡眠深度与活动的频率有直接关系，频率越高，睡眠深度越浅。

（2）床面（床垫）的材料

人们偶尔在公园或车站的长凳或硬板上躺下休息时，起来会感到浑身的不舒服，身上被木板压得生疼，因此，像座椅一样，常常需要在床面上加一层柔软材料。这是因为，正常人在站立时，脊椎的形状是 S 形，后背及腰部的曲线也随着起伏；当人躺下后，重心位于腰部附近，此时，肌肉和韧带也改变了常态，而处于紧张的收缩状态，时间久了就会产生不舒适感。因此，床是否能消除人的疲劳，除了合理的尺度之外，主要是取决于床或床垫的软硬度能否适应支撑人体卧势处于最佳状态的条件。

床或床垫的软硬舒适程度与体压的分布直接相关，体压分布均匀的较好，反之则不好。体压是用不同的方法测量出的身体重量压力在床面上的分布情况。不同弹性的床面，其体压分布情况也有显著差别。床面过硬时，显示压力分布不均匀，集中在几个小区域，造成局部的血液循环不好，肌肉受力不适等，而较软的床面则能解决这些问题。但是如果睡在太软的床上，由于重力作用，腰部会下沉，造成腰椎曲线变直，背部和腰部肌肉受力，从而产生不适感觉，进而直接影响睡眠质量（图 5–8）。

因此，为了使人在睡眠时体压得到合理分布，必须精心设计好床面或床垫的弹性材料，要求床面材料应在提高足够柔软性的同时保持整体的刚性，这就需要采用多层的复

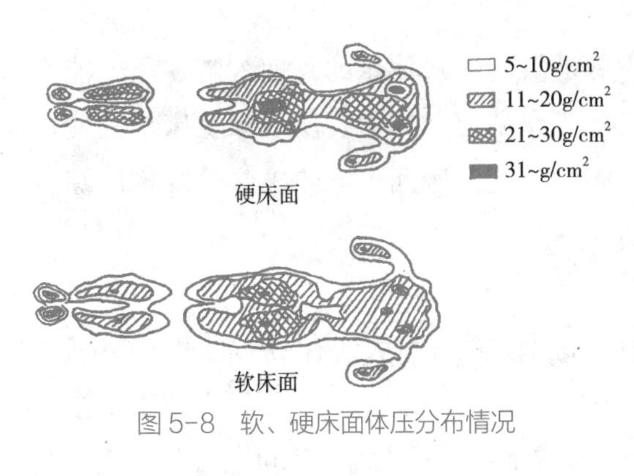

图 5-8　软、硬床面体压分布情况

杂结构。床面或床垫通常是用不同材料搭配而成的三层结构，即与人体接触的面层采用柔软材料；中层则可采用硬一点的材料，有利于身体保持良好的姿态；最下一层是承受压力的部分，用稍软的弹性材料（弹簧）起缓冲作用。这种软中有硬的三层结构做法发挥了复合材料的振动特性，有助于人体保持自然和良好的仰卧姿态，使人得到舒适的休息。

【任务实训】

任务 5.3	人体尺寸与家具的设计	页码：

引导问题：了解人体测量与家具的关系。

任务内容	组员姓名	任务分工	指导老师

1. 测量 10 把不同椅子的数据。

序号	椅子类型	测量尺寸

2. 对全班测量到的数据进行整理分析。

序号	椅子类型	测量尺寸

项目 6

家装材料的选择

知识目标：1. 了解家装材料的基本要求（颜色，光泽，透明等）；

2. 学习地面，顶面，墙面材质的选择与应用。

技能目标：掌握装饰材料的基本要求，在后期课程施工图深化合理的应用。

素质目标：1. 遵守法律、法规，遵守相关规章制度；

2. 爱岗敬业，开拓创新；

3. 勤于学习专业业务、提高能力素质；

4. 吃苦耐劳，认真负责。

【思维导图】

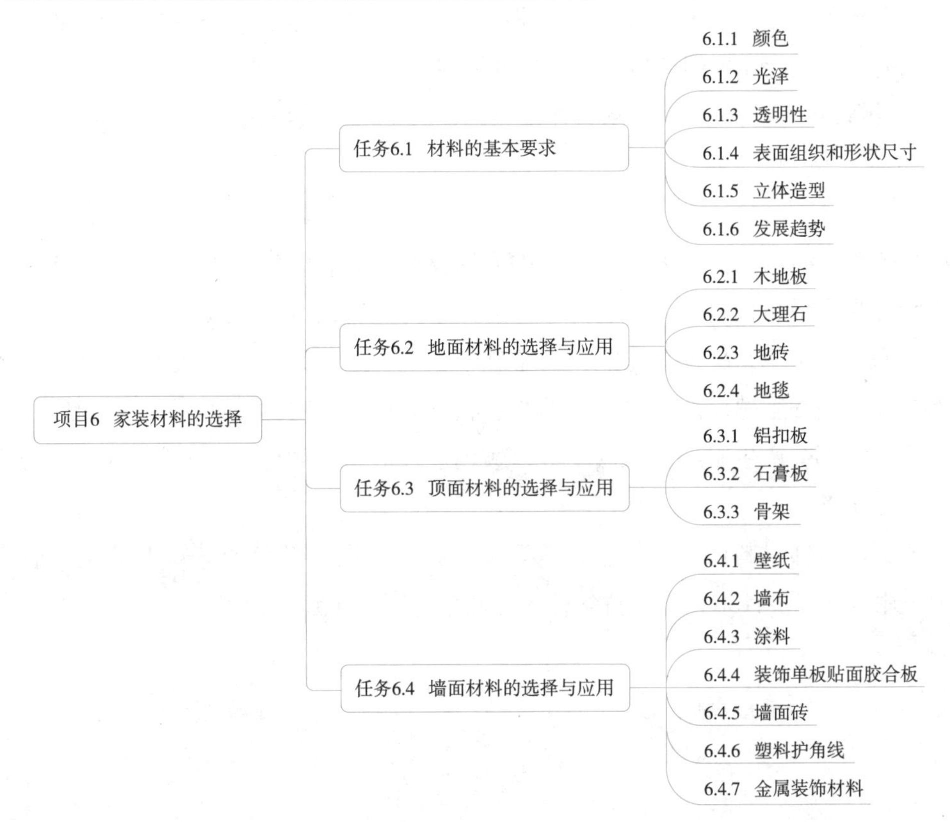

任务 6.1 材料的基本要求

【任务描述】

掌握材料的学习是住宅室内空间的重要环节，只有对室内材料充分的了解，才能对材料进行合理的选择，才能把握住宅室内装饰材料的本质，掌握装饰材料的基本要求，并在后期课程施工图深化合理的运用。

6.1 材料的基本要求

相关知识：

材料的基本要求包含颜色、光泽、透明性、表面组织和形状尺寸、立体造型、发展趋势等。

要求：

（1）要符合表现主题的需要。选材为表现主题服务，不可与主题相悖。

（2）要真实、确凿。材料的真实，一是指严格意义上的真实性，二是指本质上反映事物的真实。材料的确凿指材料既准确无误，又用得恰当贴切。

（3）要典型。典型材料是个性与共性统一、具体性与普遍性统一的。既是具体的、又是个别的、也是能体现同类事物的本质特征与普遍意义。

（4）要新颖、生动。材料力求具体形象，富有亲切感与悬念性。

6.1.1 颜色

材料的颜色决定于三个方面：材料的光谱反射，观看时射于材料上的光谱组成和观看者眼睛的光谱敏感性。所以颜色并非是材料本身固有的，它涉及物理学、生理学和心理学。对物理学来说，颜色是光能；对心理学来说，颜色是感受；从生理学来说，颜色是眼部神经与脑细胞感应的联系。人的心理状态会反映他对颜色的感受，一般人对不协调的颜色组合都会产生眼部强烈的反应，颜色选择恰当，颜色组合协调能创造出美好的工作、居住环境。

因此，对装饰材料而言，颜色极为重要。人们对同一颜色的分辨不可能完全相同，所以应采用分光光度计来客观、科学地测定颜色（图 6–1）。

分光光度 —客观、科学→ 测定颜色

图6–1 颜色的测定

6.1.2 光泽

光泽是材料表面的一种特性，在评定装饰材料时，其重要性仅次于颜色。光线射于物体上，一部分光线会被反射。反射光线可分散在各个方面形成漫反射，若是集中形成平行反射光线则为镜面反射，镜面反射是光泽产生的主要因素。所以光泽是有方向性的光线反射，它对形成于物体表面上的物体形象的清晰程度，即反射光线的强弱，起着决定性作用。同一种颜色可显得鲜明亦可显得晦暗，这与表面光泽有关。通常用光电光泽计来测定材料表面的光泽。

6.1.3 透明性

材料的透明性也是与光线有关的一种性质。既能透光又能透视的物体称透明体；只能透光而不能透视的物体为半透明体；既不能透光又不能透视的物体为不透明体（图 6-2）。

材料的透明性
- 1.透明体
- 2.半透明体
- 3.不透明体

图 6-2　材料的透明性

6.1.4 表面组织和形状尺寸

由于装饰材料所用的原材料、生产工艺及加工方法的不同，使材料的表面组织有多种多样的特征：有细致或粗糙的，有坚实或疏松的，有平整或凹凸不平的等，因此不同的材料甚至同一种材料也会产生不同的质感，不同的质感会引起人们不同的感觉。对于板材、块板和卷材等装饰材料，都要求有一定的规格，做成各种形状、大小，以便于使用时拼装成各种花式、图案。对于各种装饰材料表面的天然花纹（如天然石材）、纹理（如木材）或人造的花纹与图案（如壁纸）等也有特定的规格要求。

6.1.5 立体造型

对于预制的装饰花饰和雕塑制品，都具有一定的立体造型。装饰材料还应满足强度、耐水性、耐侵蚀性、抗火性、不易沾污、不易褪色等要求，以保证装饰材料能长期保持它的特点。

6.1.6 发展趋势

随着科学技术的不断发展和人类生活水平的不断提高，建筑装饰向着环保化、多功能化、高强轻质化、成品化、安装标准化、控制智能化的方向发展。

随着人类环保意识的增强，装饰材料在生产和使用的过程中将更加注重对生态环境的保护，向营造更安全、更健康的居住环境的方向发展。

1. 发展新型节能型绿色建筑材料

我国的建筑材料行业曾经采用了较粗放型的传统生产模式，在自然资源开发的过程中，往往更重视开发，而忽视了对周围环境的保护，在利用生态环境进行生产时，往往不重视对环境的改善，建筑材料目前的发展趋势中更重视节能，节能建筑材料是发展节能建筑的物质基础，同时也是建筑节能的有效途径。建筑材料的使用不仅改善了使用者的工作和生活环境，而且又有利于我国经济建设和社会的可持续发展目标的实现，因此，大力促进节能型建筑材料的研发是节约资源、保护环境以及社会发展的要求。

2. 提高材料的耐久性

为了提高建筑物的安全性和质量，在建筑材料的选择上要求材料具有良好的耐久性，如果材料的耐久性不够好的话就会使建筑物的使用年限受到影响，更严重的结果是导致建筑物的破坏，因此，应鼓励耐久性材料的研发工作，建筑物中使用耐久性比较强的建筑材料不仅可以延长使用寿命，降低维护保养费用，还会提高建筑物的整体水平。

3. 提高建筑材料的性能

我国过去的墙体材料所消耗的能源特别多，严重污染了环境，影响了身体健康，为了响应节约资源的号召，提高能源的利用率，使用节能环保型的墙体材料是研发节能型材料的一项重要内容，这样不仅可以解决浪费资源的问题，还可以使墙体更加美观，使整体的环境变得更优雅。

【任务实训】

任务 6.1	材料的基本要求	页码：

引导问题：了解市场上不同家装材料。

任务内容	组员姓名	任务分工	指导老师

续表

<table>
<tr><th>任务 6.1</th><th>材料的基本要求</th><th>页码：</th></tr>
<tr><td colspan="3">1. 列举市场上中小户型样板间材料的基本要求，并作相关说明。</td></tr>
<tr><td>名称</td><td>原则</td><td>介绍</td></tr>
<tr><td></td><td></td><td></td></tr>
<tr><td></td><td></td><td></td></tr>
<tr><td></td><td></td><td></td></tr>
<tr><td colspan="3">2. 列举市场上中小户型样板间不同的发展趋势，并作相关说明。</td></tr>
<tr><td>图片</td><td>作用</td><td>介绍</td></tr>
<tr><td></td><td></td><td></td></tr>
<tr><td></td><td></td><td></td></tr>
<tr><td></td><td></td><td></td></tr>
</table>

任务 6.2　地面材料的选择与应用

【任务描述】

6.2　地面材料的选择与应用

掌握地面的材料是学习住宅室内空间设计的重要环节，只有对室内地面材料充分的了解，才能对地面材料进行合理的选择。

相关知识：

地面材料是指居住空间室内环境楼板底面所用到的不同种类的材料，其目的是保护地面并起到装饰美观的作用。也是为了保护基底材料，同时还兼有保温、隔声和增强弹性的功能。地面装饰材料不同，效果也不同。如水磨石、大理石或各种彩色地砖，美观大方，便于清洗，同时还会给人一种凉爽的感觉。而塑料地板、地毯、木地板及复合地板则使人有一种舒适、温暖和富有弹性的感觉。

常用的地面材料有木地板、大理石、地砖、纺织型产品制作的地毡地毯等。

6.2.1　木地板

木地板是指用木材制成的地板（图 6–3），中国生产的木地板主要分为实木地板、强化木地板、实木复合地板、多层复合地板、竹材地板和软木地板六大类以及新兴的木塑地板。

家庭在装修的过程中，都会优先考虑木地板。木地板具有美观自然、质轻而强、环保、容易加工、保温性好、缓和冲击、耐久性强等优势，下面讲解常用的木地板有实木地板、复合木地板、实木复合地板。

1. 实木地板

实木地板是木材经烘干，加工后形成的地面装饰材料。实木地板的表面加工会出现各种形式，如使用高耐磨表面化油漆或使用耐磨透明材料进行覆面，它具有花纹自然、脚感好、施工简便、使用安全、装饰效果好的特点。实木地板剖面结构如图 6-4 所示。

图 6-3　木地板效果展示

2. 复合木地板

复合木地板（强化木地板和实木复合地板的统称）将成为木地板行业发展的趋势，复合木地板复合的方式主要有木材与其他材料的复合，优质阔叶木与速生材料的复合，优质硬木的下脚料和小径木通过加工成规格料并复合成地板等。复合木地板不仅能有效节省木材资源，而且具有环保优势。复合木地板剖面结构如图 6-5 所示。

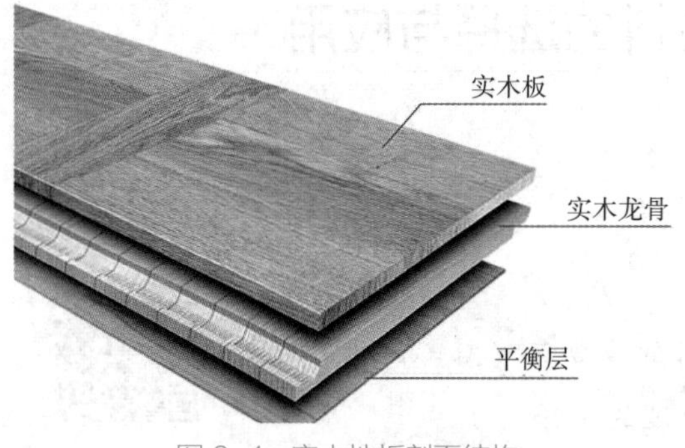

图 6-4　实木地板剖面结构

3. 实木复合地板

实木复合地板是由不同树种的板材交错层压而成，一定程度上克服了实木地板湿胀干缩的缺点，干缩湿胀率小，具有较好的尺寸稳定性，并保留了实木地板的自然木纹和舒适的脚感。实木复合地板兼具强化地板的稳定性与实木地板的美观性，而且具有环保优势。实木复合地板剖面结构如图 6-6 所示。

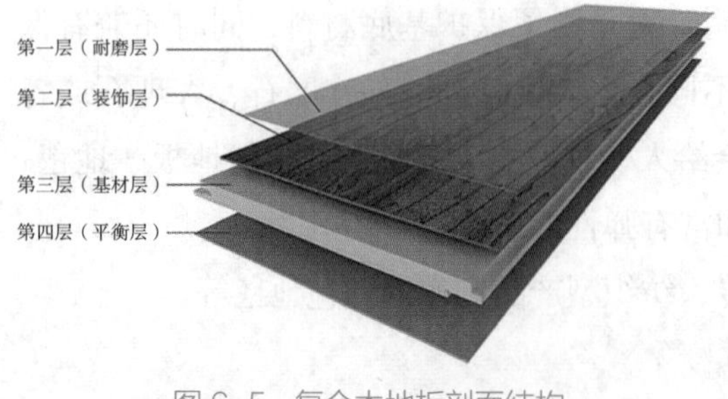

图 6-5　复合木地板剖面结构

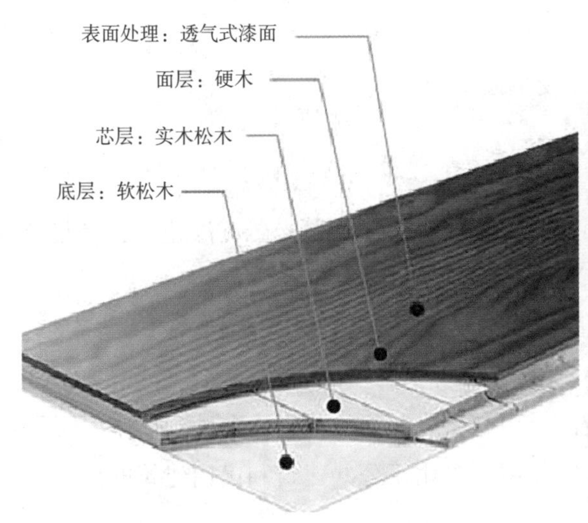

图 6-6　实木复合地板剖面结构

图 6-7　大理石效果展示

6.2.2　大理石

大理石原指产于云南省大理的白色带有黑色花纹的石灰石，剖面可以形成一幅天然的水墨山水画，古代常选取具有成型的花纹的大理石用来制作画屏或镶嵌画。

后来大理石这个名称逐渐发展成称呼一切有各种颜色花纹的，用来做建筑装饰材料的石灰石。白色大理石一般称为汉白玉。关于大理石的名称，有一种说法——以前中国大理的大理石质量最好，故得名。

在室内装修中，电视机台面、窗台、室内地面等适合使用大理石。大理石是商品名称，并非岩石学定义。大理石是天然建筑装饰石材的一大门类，一般指具有装饰功能，可以加工成建筑石材或工艺品的已变质或未变质的碳酸盐岩类（图 6–7）。

大理石主要用于加工成各种形材、板材，做建筑物的墙面、地面、台、柱，是家具镶嵌的珍贵材料。还常用于纪念性建筑物，如碑、塔、雕像等的材料。

大理石的特性有：

（1）不变形。

岩石经长期天然时效，组织结构均匀，线胀系数极小，内应力完全消失，不变形。

（2）硬度高。

（3）刚性好，硬度高，耐磨性强，温度变形小。

（4）使用寿命长。

（5）不必涂油，不易粘微尘，维护、保养方便简单，使用寿命长。

（6）不会出现划痕，不受恒温条件阻止，在常温下也能保持其原有物理性能。

（7）不磁化。

（8）测量时能平滑移动、无滞涩感、不受潮湿影响。

6.2.3 地砖

地砖是主要铺地材料之一，品种有通体砖、釉面砖、通体抛光砖、渗花砖、渗花抛光砖。地砖效果展示如图 6-8 所示。

地砖的特点有：质地坚实、耐热、耐磨、耐酸、耐碱、不渗水、易清洗、吸水率小、色彩图案多、装饰效果好。

地砖是一种地面装饰材料，也叫地板砖。用黏土烧制而成，规格多种；质坚、耐压耐磨，能防潮；有的经上釉处理，具有装饰作用；多用于公共建筑和民用建筑的地面和楼面。

地砖作为一种大面积铺设的地面材料，利用自身的颜色、质地营造出风格迥异的居室环境。市场上砖的种类很齐全，可以根据自己的预算和喜好选择品牌，根据居室的风格设计选择相应风格的地砖。色彩明快的玻化砖适用装饰现代的家居生活，沉稳古朴的釉面砖放在中式、欧式风格的房间里相得益彰，马赛克砖的不同材质、不同拼接运用为居室添加万种风情，而创意新颖、气质不俗的花砖又起到画龙点睛的作用。

6.2.4 地毯

地毯是以棉、麻、毛、丝、草等天然纤维或化学合成纤维类原料，经手工或机械工艺进行编结、栽绒或纺织而成的地面铺设物。它是世界范围内具有悠久历史传统的工艺美术品类之一。地毯效果展示如图 6-9 所示。

图 6-8 地砖效果展示

图 6-9 地毯效果展示

地毯特点有弹性好，耐脏、不怕踩、不褪色、不变形。特别是它具有储尘的能力，当灰尘落到地毯之后，就不再飞扬，可以起到净化室内空气，美化室内环境作用。

地毯的构造主要是用动物毛、植物麻、合成纤维等为原料，经过编织、裁剪等加工过程制造的一种高档地面装饰材料。地毯主要有纯毛和化纤两类：纯毛地毯分为手织和机织两种。前者是采用传统手工工艺生产的纯羊毛地毯产品，后者是近代发展起来的采用机械化生产的纯毛地毯产品。尽管地毯有不同的材料和样式，却都有着良好的吸声、隔声、防潮的作用。居住楼房的家庭铺上地毯之后，可以减轻楼上楼下的噪声干扰。地毯还有防寒、保温的作用，特别适宜风湿病人的居室使用。羊毛地毯是地毯中的上品，被人们称为室内装饰艺术的“皇后”。

【任务实训】

任务 6.2	地面材料的选择与应用	页码：

引导问题：了解市场上的地面材料。

任务内容	组员姓名	任务分工	指导老师

1. 列举市场上中小户型样板间选择与应用的地面材料，并作相关说明。

名称	应用	介绍

2. 列举市场上中小户型样板间不同地面材料的作用，并作相关说明。

名称	作用	介绍

任务 6.3　顶面材料的选择与应用

【任务描述】

掌握顶面的材料是学习住宅室内空间的重要环节，只有对室内顶面材料充分的了解，才能对顶面材料进行合理的选择，才能把握住宅室内顶面材料的本质。

6.3　顶面材料的选择与应用

相关知识：

顶面材料，是指居住空间室内环境顶面所用到的不同种类的材料，其目的是修饰原顶棚，如为了取得装饰效果和烘托气氛。卫生间、厨房里防止蒸汽侵袭顶棚、隐蔽上下水管。保护楼板、隔声，遮挡、装饰美观的隔热、降温的作用。

一般单纯的顶面装饰就是水泥，可以刷石灰，通常刷乳胶漆、刷涂料、喷漆等。如果要在顶面做造型，可以用木工板加饰面板刷油漆。也可以装镜子、装不锈钢、贴墙纸等。最常规做法是用石膏板做成造型刷乳胶漆，一般应用在客餐厅卧室。大部分普通家庭居住空间中厨房及卫生间则是用铝扣板吊顶。顶面所涉及的材料颇多，应根据不同的需求采用合适的材料。

6.3.1　铝扣板

铝扣板是以铝合金板材为基底，通过开料、剪角、压模制造而成，铝扣板表面使用各种不同的涂层加工得到各种铝扣板产品，最主要分两种类型：一种是家装集成铝扣板，另一种则是工程铝扣板，家装铝扣板最开始主要以滚涂和磨砂两大系列为主（图 6-10）。

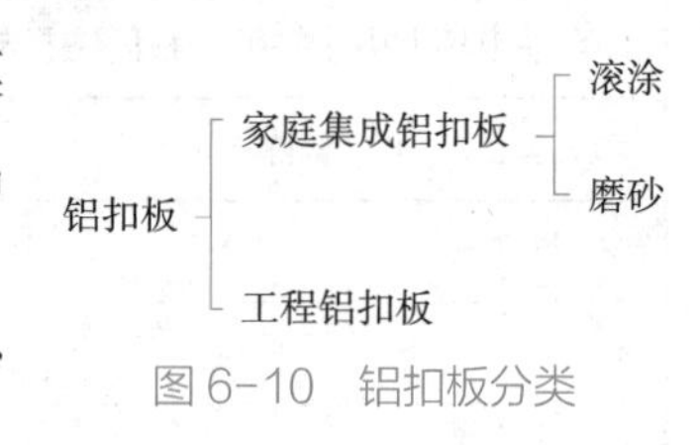

图 6-10　铝扣板分类

铝扣板因其颜色多、装饰性强、耐候性好而被广泛用于室内高档家居装饰。

铝扣板规格：家装常规规格有 300mm × 300mm、300mm × 450mm、300mm × 600mm 三种。

铝扣板的特点非常多，有优良的板面涂层性能、极强的复合牢度、适温性强、重量轻、强度高、隔声隔热、防震、安全无毒、防火、色彩丰富，铝扣板板面平整，棱线分明，所以用在吊顶系统中能体现出整齐、大方、富贵高雅、视野开阔的外观效果。

6.3.2 石膏板

石膏板是以建筑石膏为主要原料制成的一种材料。它是一种重量轻、强度较高、厚度较薄、加工方便以及隔声绝热和防火等性能较好的建筑材料，其中石膏板以纸面石膏板、无纸面石膏板、装饰石膏板三种，在室内居住空间吊顶和墙面造型中起到非常重要的作用。

1. 纸面石膏板是以石膏料浆为夹芯，两面用纸作护面而成的一种轻质板材。纸面石膏板质地轻、强度高、防火、防蛀、易于加工。普通纸面石膏板用于内墙、隔墙和吊顶。经过防火处理的耐水纸面石膏板可用于湿度较大的房间顶面，如卫生间、厨房、浴室等贴瓷砖、金属板、塑料面砖墙的衬板（图 6–11）。

图6–11 纸面石膏板施工造型

2. 无纸面石膏板是一种性能优越的代木板材，以建筑石膏粉为主要原料，以各种纤维为增强材料的一种新型建筑板材。是继纸面石膏板取得广泛应用后，又一次开发成功的新产品。由于外表省去了护面纸板，因此，应用范围除了覆盖纸面膏板的全部应用范围外，还有所扩大，其综合性能优于纸面石膏板（图 6–12）。

3. 装饰石膏板是以建筑石膏为主要原料，掺加少量纤维材料等制成的有多种图案、花饰的板材，如石膏印花板、穿孔吊顶板、石膏浮雕吊顶板、纸面石膏饰面装饰板等。它是一种新型的室内装饰材料，适用于中高档装饰，具有轻质、防火、防潮、易加工、安装简单等特点（图 6–13）。

图 6–12 无纸面石膏板

图6-13 装饰石膏板

6.3.3 骨架

在室内装修中，常需做空间的分隔或顶棚的吊顶，需要各类的骨架和罩面板材。常用的有以下三种：

1. 木龙骨

将木材加工成方形或长方形的条状，一般采用50mm×70mm或60mm×60mm断面的木方做主龙骨，50mm×50mm断面的木方做次龙骨，用作吊顶或隔墙木骨架的上、中、下槛与立柱，次龙骨有时也用45mm×45mm、40mm×60mm、45mm×90mm等尺寸。

内装修的木骨架多选用轻质木料，多来自一些含水率低、干缩小、不劈裂、不易变形的树种，主要由红松、白松以及马尾松、花旗松、落叶松、杉木、椴木等加工而成，不得使用黄花松或其他硬杂木。

2. 轻钢龙骨

轻钢龙骨是以镀锌钢带或薄钢板轧制而成。它具有强度高、通用性强、耐火性好、安装简易等优点，可在其上安装各种类型的罩面材料用作墙体和吊顶的龙骨支架，美观大方，对室内造型、隔声效果较好。

3. 铝合金龙骨

铝合金吊顶龙骨具有不锈、质轻、美观等特点，适用于要求较高的吊顶。

这种铝合金龙骨吊顶的主龙骨，由于承受吊顶的重量，一般采用轻钢材料，中龙骨和小龙骨为铝合金。

【任务实训】

任务 6.3	顶面材料的选择与应用	页码：

引导问题：了解市场上的顶面材料。

任务内容	组员姓名	任务分工	指导老师

1. 列举市场上中小户型样板间选择与应用的顶面材料，并作相关说明。

名称	应用	介绍

2. 列举市场上中小户型样板间不同顶面材料的作用，并作相关说明。

名称	作用	介绍

任务 6.4　墙面材料的选择与应用

【任务描述】

墙面装饰材料是室内装修不可或缺的，属于“墙顶地”之中最重要的组成部分，占有的面积也是最大的，决定着空间的颜值和质感。墙面装饰材料对空间起到装饰的作用，丰富空间的内容，了解墙面的装饰有哪些分类是墙面材料的选择与应用的基础。并在后期室内设计课程中更好的运用。

6.4　墙面材料的选择与应用

相关知识：

墙面装修材料的选择不同，装修出来的效果也不同。常用的墙体材料有壁纸、墙布、

图 6-14　壁纸效果

涂料、装饰单板贴面胶合板、墙面砖、塑料护角线、金属装饰材料等。

6.4.1　壁纸

市场上壁纸以塑料壁纸为主，其最大优点是色彩、图案和质感变化无穷，远比涂料丰富。选购壁纸时，主要是挑选其图案和色彩，注意在铺贴时色彩图案的组合，做到整体风格、色彩相统一（图 6-14）。

6.4.2　墙布

常用的墙布有无纺贴墙布和玻璃纤维贴墙布。无纺贴墙布是采用棉、麻等天然纤维或涤纶、腈纶等合成纤维，经过无纺成型、经印制彩色花纹而成的一种贴墙材料。特点是富弹性，不易折断老化，表面光洁而有毛绒感，不易褪色、耐磨、耐晒、耐湿，具有一定透气性，可擦洗。玻璃纤维墙布，是以中碱玻璃纤维为基材，表面涂以耐磨树脂，再印上彩色图案的新型墙壁装饰材料。其特点是色彩鲜艳、不褪色、不变形、不老化、防水。玻璃纤维壁纸耐洗、施工简单、粘贴方便。

6.4.3　涂料

涂料类墙面材料其实就是采用一些涂料涂抹到物体表面，让材料与物体黏合形成一个完整的保护膜，进而起到墙面的装饰和保护的作用。这种材料对施工团队有一定的特殊能力要求，如审美能力、设计能力，但是这种材料的耐磨、耐老化以及抗污染功能效果高一些，使用的寿命也会比较长一些，不会出现墙纸容易起皮、褪色等问题。

家庭装修中常用的涂料主要有以下几类：低档水溶性涂料、乳胶漆、多彩喷涂、膏状内墙涂料（仿瓷涂料）。

图 6-15　低档水溶性涂料

低档水溶性涂料：常见的是 106 和 803 涂料（图 6-15）。

市场上常见的乳胶漆分高、低档两种。高档乳胶漆特点是有丝光，看着似绸缎，一般要涂刷两遍。低档乳胶漆不用打底可直接涂刷。漆的选择，可根据个人喜爱、房间的采光、面积大小等因素来选。

多彩喷涂是以水包油形式分散于水中，一经喷涂可以形成多种颜色花纹，花纹典雅大方，有立体感。且该涂料耐油性、耐碱性好，可水洗。

膏状内墙涂料（仿瓷涂料）优点是表面细腻，光洁如瓷，且不脱粉、无毒、无味、透气性好、价格低廉，但耐温、耐擦洗性差。

6.4.4 装饰单板贴面胶合板

装饰单板贴面胶合板，简称木饰面板，是将天然木材或科技木刨切成一定厚度的薄片，黏附于胶合板表面，然后热压而成的一种用于室内装修或家具表面的装饰材料。内墙面饰材有各种护墙壁板、木墙裙或罩面板，所用材料有胶合板、塑料板、铝合金板、不锈钢板及镀塑板、镀锌板等。胶合板为内墙饰面板中的主要类型，按其层数可分为三合板、五合板等，按其材料树种可分为水曲柳、榉木、楠木、柚木等。

6.4.5 墙面砖

家庭装修中，墙面砖经常用陶瓷制品来修饰墙面、铺地面、装饰厨卫。瓷砖品种花样繁多（图6–16）。

图6–16 墙面造型

墙面砖是保护墙面免遭水溅的有效途径。它们不仅用于墙面、门窗的边缘装饰上。也是一种有趣的装饰元素。用于踢脚线处的装饰墙砖，既美观又保护墙基不易被鞋或桌椅脚弄脏。用于水池和浴室的瓷砖，要美观、防潮和耐磨兼顾，墙砖光洁程度高，可供选择的色彩图案多样，且较地砖轻、薄。釉面保证了墙砖的防水性能，并且有很好的抗污染能力。瓷砖是一种耐磨、防水、美观又易清洗的材料，因为耐磨性的要求不像地砖那样严格，所以可供选择的种类更丰富。陶瓷墙砖的吸水率低，抗腐蚀、抗老化能力强，特别是其特殊的耐湿潮、耐擦洗、耐候性，是其他材料无法取代的，其价格低廉，色彩丰富，是家庭装修中厨房、卫生间、阳台墙面理想的装修材料。

6.4.6 塑料护角线

塑料护角线采用高强度的聚氯乙烯原料制造，耐腐蚀、抗冲击、防老化、耐候性好，

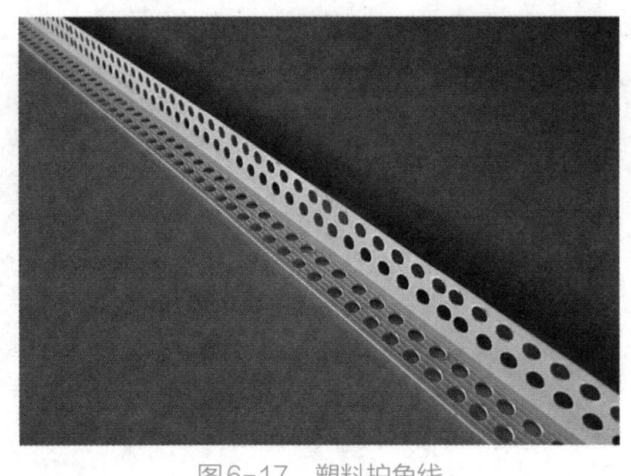
图6-17　塑料护角线

具有优良的机械、力学性能等。它的推广使用能有效地解决施工中长期存在的阳角不直、不美观，墙角易损坏等质量通病。护角条同时加固了墙角，避免墙角出现凹痕和其他损坏（图 6-17）。

6.4.7　金属装饰材料

金属装饰装修材料具有较强的光泽及色彩，耐火、耐久，广泛应用于室内外墙面、柱面、门框等部位的装饰。金属装饰材料分为两大类：一是黑色金属，如钢、铁，主要用于骨架扶手、栏杆等载重的部位；二是有色金属，如铝、钢、彩色不锈钢板等的合金材料，主要作为饰面板运用在物体表面部位的装饰。

【任务实训】

任务 6.4	墙面材料的选择与应用	页码：

引导问题：了解市场上的墙面材料。

任务内容	组员姓名	任务分工	指导老师

1. 列举市场上中小户型样板间选择与应用的墙面材料，并作相关说明。

名称	应用	介绍

2. 列举市场上中小户型样板间不同墙面材料的作用，并作相关说明。

名称	作用	介绍

项目 7

室内绿植

知识目标：了解室内绿化分类、绿化功能；掌握植物的选择；了解室内绿化的原则。

技能目标：通过住宅绿植的学习，能够进行住宅的绿化布置。

素质目标：培养学生具有良好的职业道德、专业技能水平。

【思维导图】

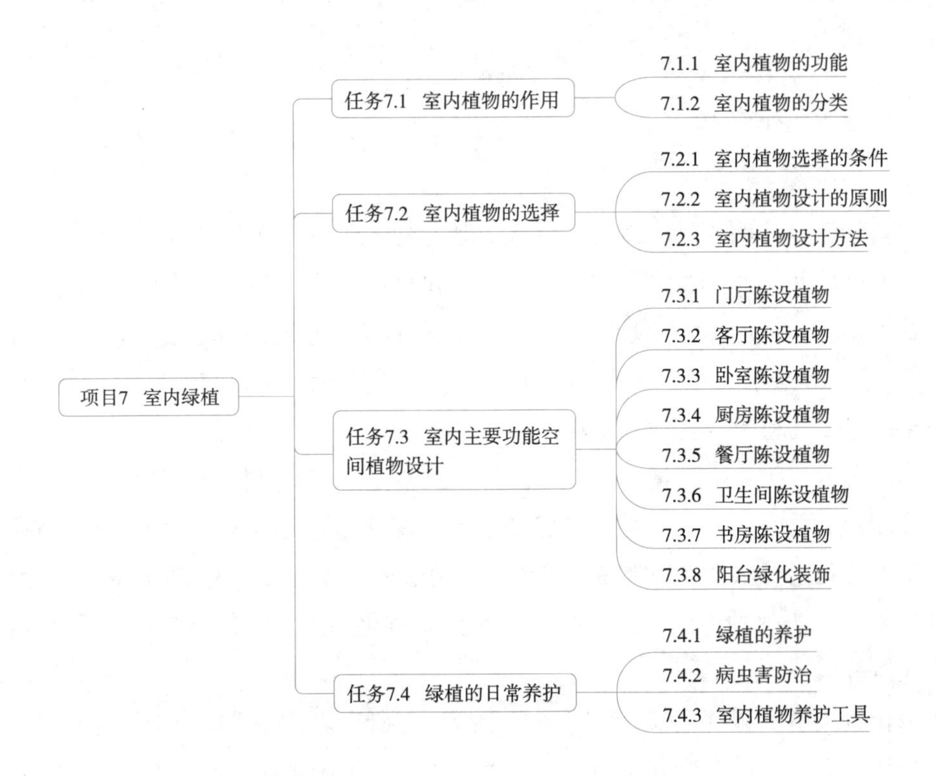

随着人类科技的不断进步和现代化城市的飞速发展，人们越来越重视改善住宅环境，力图在建筑空间中回归自然，创造一个使建筑、人与自然融为一体并协调其发展的生存空间。由此室内绿化受到了人们的青睐，成为弥补城市绿化不足，改善人与自然和谐生存空间的重要手段。

任务 7.1　室内植物的作用

【任务描述】

人们的生活、工作、学习和休息等都离不开绿化环境，环境的质量对人们心理、生理起着重要的作用。这是因为室内植物具有生态功能、观赏功能，组织室内空间、调和室内环境的色彩、文化功能。

7.1　室内绿色植物的分类和功能

相关知识：

7.1.1　室内植物的功能

1. 生态功能

现代科学已经证明，绿色植物的生态功能主要体现在植物对室内空气的净化作用方面，植物不仅是大自然的增湿器，更有益于人们的心理、生理健康。植物经过光合作用可以吸收二氧化碳，释放氧气，使大气中氧和二氧化碳达到平衡，同时通过植物的叶子吸热和水分蒸发降低气温，在冬、夏季可以调节温度，植物的枝叶可以起到遮阳隔热作用。

（1）净化空气和调节室内小气候

室内环境是人类生活环境中的一个局部，故常把其中的气候条件称为小气候。植物表面大多粗糙，并有细细的绒毛，它们可以有效地吸附室内的灰尘，使内部空气变得更洁净。室内绿化还可以吸声和吸热，如果有高大植物靠近门窗，或有爬藤植物依附墙面，它们还有隔声、隔热的作用。良好的室内绿化能净化室内空气，调节室内温度与湿度，有利于人体健康。

用绿化调节室内湿度不仅有效，而且经济，有研究表明，干燥季节，绿化较好的室内湿度可比一般室内的湿度高出 20%；而梅雨季节，由于植物具有吸湿性，其室内湿度又可比一般室内的湿度小一些。因此，对室内设计师来说，很有参考的必要。

（2）植物的自身功效

室内绿化具备净化空气的功能，这主要是因为它能够吸收二氧化碳，释放人类需要的氧气，有时还能吸收和分解其他有害的气体。同时植物又能吸附大气中的尘埃，从而使环境得以净化；吊兰、花叶万年青等植物能够消除室内装修材料释放的 80% 以上的甲醛、氯等有害气体，这表明室内绿化净化空气的功能是非常显著的。

1）一盆吊兰在 8~10m^2 的房间内可杀死 80% 的有害物质，吸收 80% 以上的甲醛。

2）一盆虎尾兰可吸收 10m^2 左右房间内 80% 以上多种有害气体。

3）龙舌兰在 10m^2 左右的房间内，可消灭 70% 的苯、50% 的甲醛和 20% 以上的三氯乙烯（图 7–1）。

（a）

（b）

（c）

图7–1　吊兰（a）、虎尾兰（b）、龙舌兰（c）

2. 观赏功能

室内绿化的观赏功能主要体现在绿化对室内环境的美化，室内绿化比一般的工艺品更有生气，更有活力，能使环境更显勃勃的生机。

（1）植物本身的美，包括它的色彩、形态和芳香。绿色植物不论其形、色、质、味，或其枝干、花叶、果实，显示出蓬勃向上、充满生机的力量，引人奋发向上、热爱自然、热爱生活。

（2）通过植物与室内环境恰当的组合，有机地配置，而形成美的环境。植物的自然形态有助于打破室内装饰直线条的呆板与生硬，通过植物的柔化作用补充色彩、美化空间，使室内空间充满生机。绿化是一种自然物，无论是色彩、形态，都能与建筑实体、家具、设备等人造物构成鲜明的对比，而恰恰是这种对比，可以大大增强室内环境的表现力（图 7–2）。

3. 组织室内空间

在室内环境美化中，绿化可以参与空间组织，特别是可以构成虚拟空间，利用绿化

图 7-2　室内绿化观赏功能

组织室内空间、强化空间。如根据人们生活需求，运用成排的植物可将室内空间分为不同区域。室内房间如有难以利用的角隅（死角），可以选择适宜的室内观叶植物来填充，以弥补房间的空虚感，还能起到装饰作用。不同空间通过植物配植，运用植物对空间进行分隔、限定与疏导，可达到突出该空间主题的效果。

（1）分隔空间的作用

以绿化分隔空间的范围是十分广泛的，如在两厅室之间、厅室与走道之间以及在某些大的厅室内需要分隔成小空间的，如办公室、餐厅、旅店大堂、展厅，此外在某些空间或场地的交界线，如室内外之间、室内地坪高差交界处等，都可用绿化进行分隔。某些有空间分隔作用的围栏，如柱廊之间的围栏、临水建筑的防护栏、多层围廊的围栏等，也均可以结合绿化加以分隔。对于重要的部位，如正对出入口，起到屏风作用的绿化，还须作重点处理，分隔的方式大多采用地面分隔方式，如有条件，也可采用悬垂植物由上而下进行空间分隔。

（2）联系引导空间的作用

绿化可以成为联系空间的纽带，使相连的空间相互联系，使内部空间与外部空间之间有一个过渡。这种过渡可以理解为外部绿化向内部空间延伸，也可以理解为内部空间的室外化。让绿化更鲜明、更亲切、更自然、更惹人注目和喜爱。

（3）填充空间的作用

室内的许多剩余空间是难以利用的，如沙发组的交角部位，楼梯、自动扶梯的底部，会议桌围成的中央区域等，这些剩余空间便常用盆花、花池等填充。采用这种做法，不仅能使总体环境更和谐，还能提高环境的趣味性和观赏性。

此外，在大门入口处、楼梯进出口处、交通中心或转折处、走道尽端等处，既是交通的要害和关节点，也是空间中的起始点、转折点、中心点、终结点等的重要视觉中心位置，常放置特别醒目的、更富有装饰效果的，甚至名贵的植物或花卉，起到强化空间、重点突出的作用。

位于交通路线的一切陈设，包括绿化在内，必须不妨碍交通，在紧急疏散时不致成为绊脚石，并按空间大小形状选择相应的植物。

4. 调和室内环境色彩

植物以其千姿百态的自然姿态、五彩缤纷的色彩、柔软飘逸的神态、生机勃勃的生命与刻板的金属、玻璃制品和僵硬的建筑几何形体和线条形成强烈的对照。这是其他任何室内装饰、陈设所不能代替的。根据室内环境状况进行植物装饰布置，不仅仅是针对单独的物品和空间的某一部分，而且是对整个环境要素进行安排，将个别的、局部的装饰组织起来，以取得总体的美化效果。经过艺术处理，室内植物装饰在形象、色彩等方面使被装饰的对象更为妩媚，如室内建筑结构出现的线条刻板、呆滞的形体，经过枝叶花朵的点缀而显得灵动。

此外，墙面、地面大多是植物的背景，在背景的衬托下，红花、绿叶会更加鲜艳，如有阳光、灯光把植物的影子投射于墙面和地面，还会产生丰富的光影。

5. 文化功能

人们在不断进行室内绿化养护和管理的过程中也能陶冶情趣、修养身心。植物配植使室内形成绿化空间，让人们置身于自然环境中，享受自然风光，不论工作、学习、休息，都能心旷神怡，悠然自得。各种植物的花语也成为一种文化现象出现在大众的视野，如玫瑰代表爱情、康乃馨代表母亲、白鹤芋又名一帆风顺，寓意有着顺利和安康之意。此外，古人常常通过花草树木寄托自己感情或意志，例如，松柏视作刚毅、毅力的象征；洁白纯净的兰花，使室内清香四溢，风雅宜人，被称为“花中君子”；荷花“出淤泥而不染，濯清涟而不妖”令人想到高洁、无瑕、高尚情操；“未曾出土先有节，纵凌云霄也虚心”的竹象征高风亮节。松、竹、梅为“岁寒三友”，梅、兰、竹、菊为“四君子”。牡丹为高贵，石榴为多子，萱草为忘忧等。在西方，紫罗兰代表忠实永恒；百合花代表纯洁；郁金香代表名誉；勿忘草代表勿忘我等。这些特殊的语言符号反映了人们对美好事物的向往，对生活的热爱。

7.1.2 室内植物的分类

植物是室内绿化设计中的主要材料，具有丰富的内涵和作用。广泛地说，室内绿化植物是指一切用于美化和装饰室内环境的植物。狭义地说，是特质比较适应室内环境条件，能够较长时间地生长于室内，根据观赏部位的不同，室内植物可分为三类：观叶植物、观花植物、观果植物。

1. 观叶植物

观叶植物是室内植物的重要组成部分。观叶植物有的青翠碧绿，有的色彩斑斓，形状也千姿百态。常见的观叶植物有绿萝、龟背竹、青苹果竹芋、虎皮兰等（图 7–3）。

(a) (b) (c) (d)

图 7-3 绿萝（a）、龟背竹（b）、青苹果竹芋（c）、虎皮兰（d）

2. 观花植物

这类植物一般花色艳丽、千姿百态。能使人感到温暖、喜气洋洋，在室内可以起到画龙点睛的作用，常见的观花植物有水仙、红掌、蝴蝶兰、风信子等（图 7–4）。

(a) (b) (c) (d)

图 7-4 水仙（a）、红掌（b）、蝴蝶兰（c）、风信子（d）

3. 观果植物

观果植物的果实一般都光彩艳丽、形状美观。能逗人欢喜、享受丰收，如金橘、柠檬、无花果等（图 7–5）。

（a）

（b）

（c）

图 7-5　金橘（a）、柠檬（b）、无花果（c）

此外，用于室内的植物有多种类别。

从生长季节看，有适合不同季节的：如春季花卉植物有报春花、吊兰、君子兰、郁金香、芍药、牡丹、玫瑰、杜鹃、海棠、米兰等；夏季花卉植物有石榴、紫薇、南天竹、蜀葵及锦葵等；秋季花卉植物有银杏、金橘、佛手、山茶、桂花、菊花等；冬季花卉植物有蜡梅、冬青、山茶及天竺葵等；适合四季的植物有文竹、天门冬、仙人掌、雪松、罗汉松、苏铁、棕竹、万年青、绿萝及圆柏等。

从欣赏角度看，近年来，世界上逐渐流行原产于亚热带和热带的观叶植物和兼观茎、花、果的常绿植物，它们姿态生动，常年翠绿，相对耐阴，且容易与现代建筑的空间和陈设相配合。这类植物颇多，常见的有龟背竹、绿萝、紫罗兰、鹤望兰、火鹤花、龙血树、散尾葵和棕竹等。

【任务实训】

<table>
<tr><td>任务 7.1</td><td colspan="2">室内植物的作用</td><td>页码：</td></tr>
<tr><td colspan="4">引导问题：了解室内植物的作用。</td></tr>
<tr><td>任务内容</td><td>组员姓名</td><td>任务分工</td><td>指导老师</td></tr>
<tr><td rowspan="4"></td><td></td><td></td><td rowspan="4"></td></tr>
<tr><td></td><td></td></tr>
<tr><td></td><td></td></tr>
<tr><td></td><td></td></tr>
</table>

续表

任务 7.1	室内植物的作用	页码：
1. 列举当下较流行的室内植物，并介绍其习性。		
植物名称	植物图片	介绍
2. 调研不同人群对植物的偏好。		
植物名称	植物图片	分析

任务 7.2　室内植物的选择

【任务描述】

7.2　室内绿化植物的选择

我国适宜种植的住宅绿化植物常用的至少有300余种，住宅的主人、条件、环境不同，决定了室内绿化植物选择须遵循“因地制宜，适室适花”的原则。一般来说，首先根据住宅的空间选择植物的大小，其次考虑植物的生活习性能否适应住宅环境。

室内的植物选择是双向的，一方面对室内来说，是选择什么样的植物较为合适；另一方面对植物来说，应该有什么样的室内环境才能适合于生长。因此，在设计之初，就应该和其他功能一样，拟定出一个“绿色计划”，选择室内绿化的品种，要综合考虑植物习性、空间尺度、环境等多种因素。

相关知识：

7.2.1　室内植物选择的条件

在室内选用植物时，应首先考虑如何更好地为室内植物创造良好的生长环境，如加强室内外空间联系，尽可能创造开敞和半开敞空间，提供更多的日照条件，采用多种自然采光方式，尽可能挖掘和开辟更多的地面或楼层的绿化种植面积，布置花园，增设阳台，选择在适当的墙面上悬置花槽等，创造具有绿色空间特色的建筑体系。

1. 温度条件

温度是室内观赏植物养护的重要环境条件。观赏植物的叶色、叶质都是在特定的温度环境中进行的。不同的观赏植物对温度要求也各不相同，这是植物在漫长的进化过程中形成的遗传特性。

我国南北方住宅温度条件不同，所以根据室内温度条件选择适宜的绿化植物种类与品种，是室内居家绿化成功与否的关键。

如室内常见的万年青、变叶木、花叶万年青（图 7–6）、虎尾兰、龙血树等要求一般冬季室内不低于 10℃。而朱蕉、铁线蕨、龟背竹（图 7–7）等要求冬季室内温度不低于 5℃。

（a）（b）（c）

图 7–6 万年青（a）、变叶木（b）、花叶万年青（c）

（a）（b）（c）

图 7–7 朱蕉（a）、铁线蕨（b）、龟背竹（c）

2. 光照条件

光是室内植物最敏感的生态因子，是植物制造有机物质的能量源泉。若想使观赏植物保持叶色新鲜美丽，就必须将其陈设在适当的地方，如喜光的阳性植物，宜放在靠近窗边的位置；如果室内光照条件较差，可选择在室内散射光条件下生长良好的阴性植物。

3. 空气湿度条件

水是植物的重要组成部分，占植物鲜重的 75% ～ 90%。水也是植物生命活动的必要条件。由于室内观赏植物原产地的雨量及其分布状况差异很大，所以不同种类植物需水量差异也较大。

7.2.2 室内植物设计的原则

1. 协调统一，相互呼应

用植物陈设应注意与建筑和装饰风格、室内陈设、家具形态、颜色、质地以及灯光配置、光线明暗相协调和适应。

2. 主次分明，合理搭配

植物陈设是一个有机整体，不同的季节里植物摆放位置都有主与次、重点与一般之分，各个季节应有不同的花卉，使植物布置依时而变，不断更新，彰显新鲜且具有活力。

3. 点、线、面有机结合

中国的传统文化如绘画、插花、造园等艺术都十分强调点、线、面的运用与结合，使整体画面有动势、均衡感，室内植物陈设也应掌握这一原则。

（1）点状绿化

点状绿化主要指独立或成组设置的盆栽、灌木和乔木等。它们是室内的主要景观，一般都有较强的装饰性和观赏性。配置点状绿化的原则是突出重点，忌在周围堆砌与其高低、形态、色彩相近的器物。用于点状绿化的植物可以放在地上、桌上和柜上等，还可以吊在空中，形成上下呼应。

（2）线状绿化

线状绿化往往采用同一种植物，如连续布置的盆栽、花槽及绿篱等，其主要作用是分隔空间或强调空间的方向性。配置线状绿化要顾及空间组织和形式构图的要求，并以此作为依据，决定绿化的高低、长短和曲直。

（3）面状绿化

面状绿化多是用作背景的，故形态和色彩应以突出前面的景物为原则。有些面状绿化，可能用来遮挡空间中有碍观瞻的部分，此时，它可能具有主景的性质，故形态和色彩应有较强的观赏性。属于面状绿化的有面积较大的草坪，成片栽植的乔木，成片覆墙的攀缘植物以及大面积吊于顶棚下面的藤蔓植物等。

7.2.3 室内植物设计方法

室内绿化装饰方式除要根据植物材料的形态、大小、色彩及生态习性进行选择外，还要依据室内空间的大小、光线的强弱、季节变化，以及气氛而定。其装饰方法和形式多样，主要有陈列式、垂吊式、壁挂式、攀附式等植物绿化装饰（图7-8）。

1. 陈列式

陈列式是室内绿化装饰最常用和最普通的装饰方式，包括点状、线状和面状三种。其中以点状最为常见，即将盆栽植物置于桌面、茶几、柜角、窗台及墙角，或在室内高空悬挂，构成绿色视点。线状和片状是将一组盆栽植物摆放成一条线或组织成自由式、规则式的片状图形，起到组织室内空间，区分室内不同用途场所的作用，或与家具结合，起到划分范围的作用。多盆植物组成的片状摆放，可产生群体效应，同时可突出中心植物主题。植物陈设须与室内空间大小、家具色彩相适宜，根据其大小配以理想的盆钵、几架或其他工艺品，以求最佳的组合。

2. 垂吊式

在室内较大的空间内，结合顶棚、灯具，在窗前、墙角、家具旁用花盘吊挂，或用带有托盘的塑料盆用悬绳吊挂一定体量的阴生悬垂植物的形式，营造生动活泼的空间立体美感，且"占天不占地"，可充分利用空间。宜栽植花叶常青藤、吊兰、蟹爪兰、天门冬等。飘曳的枝条、柔垂的叶片能使室内充满动韵。

3. 壁挂式

壁挂式指装潢于墙壁上的饰物。可预先在墙上设置局部凹凸不平的墙面和壁洞以放

（a）（b）（c）（d）

图7-8 陈列式（a）、垂吊式（b）、壁挂式（c）、攀附式（d）

置盆栽植物；或在靠墙地面放置花盆；或砌种植槽，然后种上攀附植物，使其沿墙面生长，形成室内局部绿色的空间；或在墙壁上设立支架，或使用人工材料编制立体花艺挂于墙壁上，在不占用地面的情况下放置花盆，以丰富空间。

4. 攀附式

在种植器皿内栽上藤蔓植物，使其顺墙壁、楼梯、柱子等盘绕攀附，形成绿色帷幔，也可用绳牵引于窗前等处，让藤蔓顺绳上爬，上攀下垂，层层叠叠、满目翠绿、十分幽雅。攀附植物与攀附材料在形状、色彩等方面要协调，以使室内空间分割合理、协调、实用。

【任务实训】

任务 7.2	室内植物的选择	页码：

引导问题：了解住宅植物的装饰方法。

任务内容	组员姓名	任务分工	指导老师

1. 列举陈列式、垂吊式、壁挂式、攀附式等植物种类。

名称	图片	介绍

2. 调研重庆地区花市常见的室内植物种类。

名称	图片	分析

任务 7.3　室内主要功能空间植物设计

【任务描述】

在住宅中，植物是一个非常重要的设计元素，它不仅可以增添家居美感，还可以为人们带来清新的气息和舒适的氛围。无论在哪个主要功能空间，植物的选择应该是适合在室内生长、易于养护、不会引起过敏反应的植物，以此来提高家居的美感和健康程度。

7.3　室内主要功能空间植物设计

7.4　适合室内装饰的常见植物

7.3.1　门厅陈设植物

门厅是主人住宅风格的首次展示，其优美的布置能给人留下良好的第一印象，不仅如此，进出住宅正门口的频率非常高，更能在一天归来时给您温馨慰藉与生趣，因此，此处的植物摆放以不阻塞行动为佳。直立性的或攀附为柱状的植物不干扰视线，适合摆放在门口，如巴西铁、虎尾兰、绿萝等（图 7-9）。

7.3.2　客厅陈设植物

客厅是家人活动和亲朋好友相聚交流的场所，现代住宅设计讲究大客厅小卧室，更是充分体现了客厅功能的重要性和多样性，主人可根据自己的爱好、修养和个性，用绿植或花卉来调节气氛，改变空间，以满足家人和客人多方面的欣赏要求。但植物品种的数量不宜过多，配置要突出重点，力求美观、大方，与家具风格相统一，有时只需几株用来点缀于沙发一侧，或电视柜上方就可以了（图 7-10）。

图 7-9　门厅的陈设植物

图 7-10　客厅的陈设植物

7.3.3 卧室陈设植物

卧室是人们休息、睡眠的场所，具有很强的私密性。卧室绿饰布置宜体现温馨、宁静、舒适的情调（图 7–11）。卧室摆放的植物宜少而精，且以观叶植物或仙人掌类植物为佳。仙人掌、景天、蟹爪兰等多肉类植物，白天为了避免水分的丧失而关闭气孔，光合作用产生的氧气在夜间气孔打开后才释放出来，更适合摆放于房间里。

7.3.4 厨房陈设植物

通常厨房面积不大，可供绿饰的空间较为狭小，所以布置时不能凌乱，切忌在妨碍操作的位置上摆设花卉。由于厨房一般在北面，光照较弱、油腻重、空气相对湿度大、温度变化较大，因此在植物的选择上，要以较耐阴、不易沾污、生命力强、有净化空气能力的植物种类为主，如蕨类、常春藤、吊兰等。也可以种植蔬菜、瓜果和盆栽香料植物（图 7–12）。

图7-11 卧室的陈设植物

图7-12 厨房的陈设植物

7.3.5 餐厅陈设植物

有的餐厅与客厅相连，有的餐厅与厨房相连，也有单独的餐厅，但不管所处位置如何，餐厅的功能都是一样的，是人们就餐的场所。用植物装饰餐厅在现实生活中较为普遍，如在餐桌上放上一款插花，在餐厅的窗台上、餐具柜或酒柜上放上观叶植物，可使就餐者心情舒畅，食欲大增（图 7–13）。

7.3.6 卫生间陈设植物

卫生间的环境通常比较潮湿、阴暗，适合羊齿类植物生存。此外，为了避免植物被水淹，也可以选择悬挂式的植物，摆放的位置越高越好（图 7–14）。

图 7–13　餐厅陈设植物

7.3.7　书房陈设植物

书房是读书和办公的场所，选择植物不宜过多，以免干扰视线。很多仙人掌科和景天科等多肉植物能够有效地减少家用电器产生的电磁辐射，适合放在有电脑的书房和电器集中的客厅中。此外，书房的花卉不宜色彩太艳，品种数量不宜太多，要有利于环境的清净，选择花卉既要考虑适合环境，又要突出个人爱好和修养，如文竹、吉祥草、兰花、君子兰、常春藤、吊兰、茉莉等，以点缀墙角、书桌、书架、博古架，配合书籍、古玩等，形成浓郁的文雅氛围（图 7–15）。

7.3.8　阳台绿化装饰

目前，我国居民住楼房一般都有阳台。阳台虽然面积不大，但若能加以合理布置，也可为家庭增添艺术氛围，有利于精神舒畅，促进身心健康。阳台是住宅空间的扩展，也是连接户内外的纽带。若以几盆充满生机的观赏植物装饰阳台，不仅美化了住宅，而且也能体现主人的品位（图 7–16）。阳台陈设植物应注意以下几点：

图 7–14　卫生间陈设植物

图 7–15　书房陈设植物

图 7–16　阳台绿化装饰

1. 注意调节阳台空气湿度。
2. 注意充分利用阳台空间。
3. 注意花卉合理布局。
4. 注意卫生安全。

【任务实训】

任务 7.3	室内主要功能空间植物设计	页码：

引导问题：了解住宅主要功能空间适合的植物。

任务内容	组员姓名	任务分工	指导老师

1. 列举住宅主要功能空间分别适合的植物种类。

名称	图片	介绍

2. 对客厅空间的植物进行设计。

名称	图片	分析

任务 7.4　绿植的日常养护

【任务描述】

室内绿植的日常养护非常重要，只有对室内绿植进行正确的日常养护，才能让它们保持良好的生长状态，发挥作用。

相关知识：

7.4.1　绿植的养护

清代陈淏子所著《花镜》一书，早已提出植物有“宜阴、宜阳、喜燥、喜湿、当瘠、当肥”之分。为了适应室内条件，应选择能忍受低光照、低湿度、耐高温的植物。一般说来，观花植物比观叶植物需要更多的细心照料。

1. 温度：温度是植物生长发育最重要的环境条件之一，热带花卉耐低温差，寒带花卉耐高温差。多数室内观叶植物生长的适宜温度是10~30℃，理想生长温度为22~28℃，在日间温度约29.4℃，夜间约15.5℃，对大多数植物最为合适，温度低于5℃，或高于50℃会发生死亡。因而冬季要防寒，夏季要遮阴降温。

2. 光照：光是地球生命活动的能源，是植物光合作用赖以生存的必要条件，是植物制造有机物质的能量源泉，没有阳光就没有绿色植物，也就不能生长发育，光照强度、日照时间长短、光的组成等都会对植物生长发育产生较大影响。因此，摆放在室内绿植的位置要选择在充足光线的窗户附近，确保足够的光线照射。如果室内光线不足，可以适度使用人工光源提供照明。在选择室内观叶植物时，通常选择耐阴类植物，并避免烈日暴晒，但也需保持适当的光照。

3. 植物在生长期及高温季节，应经常浇水，但应避免水分过多，使根部缺氧而停止生长，甚至枯萎。

水分：水是植物的重要组成成分，也是维持植物体内物质分配、代谢和运输的重要因素。观叶植物对水分的要求各有不同，但总体上应避免过干、过湿。过湿会出现徒长、烂根、死亡；过干会出现萎蔫、黄叶甚至死亡。一般室内绿植水分管理方法是定期浇水，具体浇水时间视植物种类和生长环境而定。寄生性的附生植物、蕨类等对空气的湿度要求更高。

水量：盆栽植物要浇透，到底部刚刚流出为止。夏季应少量、多次浇水。一般草本植物比木本植物需水量大；南方植物比北方植物需水量大；叶大、柔软、光滑的花卉需水量大。秋冬季节要控制浇水，保持盆土偏干。

浇水方式：多数绿色植物喜喷浇，能降低气温，增加湿度，减少蒸发，冲洗叶面灰尘，提高光合作用，但盛开的花朵及茸毛较多的花卉不宜喷浇。

4. 土壤与施肥：室内绿植的生长需要充足的营养，而肥料可以提供促进生长和健康的养分。土壤是植物生长发育的物质基础，绿色植物生长的土壤要求结构好、肥力充足、酸碱度适宜。结构好主要指质地疏松、吸排水性好、持水性强、透气性好。肥力取决于氮、磷、钾及微量元素的含量，氮促进枝繁叶茂，磷促进花果生长，钾促进根系发达。肥力不足会导致发黄、枯死。通常两个月施肥一次，入秋后应停施氮肥，多施钾肥，利于越冬。并按不同品类，要求有一定的酸碱度。市场上有不少种类的植物肥料，人们可以根据植物种类和所在环境适合的肥料进行施用。应按说明进行施肥，不要过度施肥。

5. 剪裁和清洁：经常要对室内绿植进行剪裁和修整，保持植物的生长状态。根据植物的需求，及时修剪和整理叶片和枝干，保持其良好的外观和形状。像打理任何物品一样，将绿植保持干净是非常重要的，好的清洁方法可以减少有害细菌或昆虫的繁殖。用湿抹布或喷洒植物叶子的上部和底面，可以保护叶子不受伤害和刮伤。

7.4.2 病虫害防治

1. 病害

绿色植物的病害主要有煤烟病、白粉病、缺铁性黄化病等。发生病害时要及时清除病叶、病株，改善通风透光，加强土肥水管理，洗净染病枝叶，必要时辅以一定比例百菌清、多菌灵等药剂喷洒。

2. 虫害

绿色植物在高温高湿天气容易滋生蚜虫、介壳虫、红蜘蛛等，这类虫害主要群居在嫩枝、花蕾等部位，引起叶片变黄、卷曲、脱落，较轻时可用清水洗净，严重时可用药剂喷洒。

7.4.3 室内植物养护工具

室内植物养护需要一些工具和用品来帮助我们更好地照顾它们。以下是一些常见的室内植物养护工具：

1. 浇水壶：用于浇水，选择具有适宜喷水效果的浇水壶，可以更好地控制水量和水流的方向。

2. 喷壶：适用于那些需要经常保持湿润土壤的植物，可以轻松喷洒水分并保持植物叶面的清洁。

3. 肥料：选择适合室内植物的肥料，如液体肥料，可用于补充植物所需的营养素。

4. 剪刀或修剪工具：用于修剪和整形植物，保持植物的健康和整洁。

5. 植物支架或托盘：适用于支撑爬升植物或为植物提供额外的支持。

6. 湿度计：帮助监测室内环境的湿度，特别对于一些对湿度要求较高的植物，能够有助于调整湿度水平。

7. 土壤测试仪：用于检测土壤的湿度、酸碱度和营养情况，提供更准确的浇水和施肥指引。

8. 植物支撑材料：用于支撑靠墙或者较高的植物，如竹棍、花扎等。

以上这些工具都可以辅助我们更方便、有效地进行室内植物的养护。根据具体情况和植物的需求，可以灵活使用这些工具来照顾室内植物。

【任务实训】

任务 7.4	绿植的日常养护	页码：

引导问题：了解住宅绿植的养护方式。

任务内容	组员姓名	任务分工	指导老师

1. 了解不同室内常见植物的需水量与养护方法。

序号	名称	养护方法

2. 了解多肉植物的养护方法。

序号	名称	养护方法

项目 8

软装元素

8.1 软装的设计概念流程

知识目标：1. 了解中小户型软装的家具元素；
2. 了解中小户型软装的布艺元素；
3. 了解中小户型软装的工艺品元素；
4. 了解中小户型软装的装饰画元素。

技能目标：完整设计并且绘制一套中小型家装软装搭配设计图。

素质目标：培养创性意识和设计思维，能在实践中合理运用已有的知识和技能，提出新颖的设计方案，并能够将其具体落实到实践中。

【思维导图】

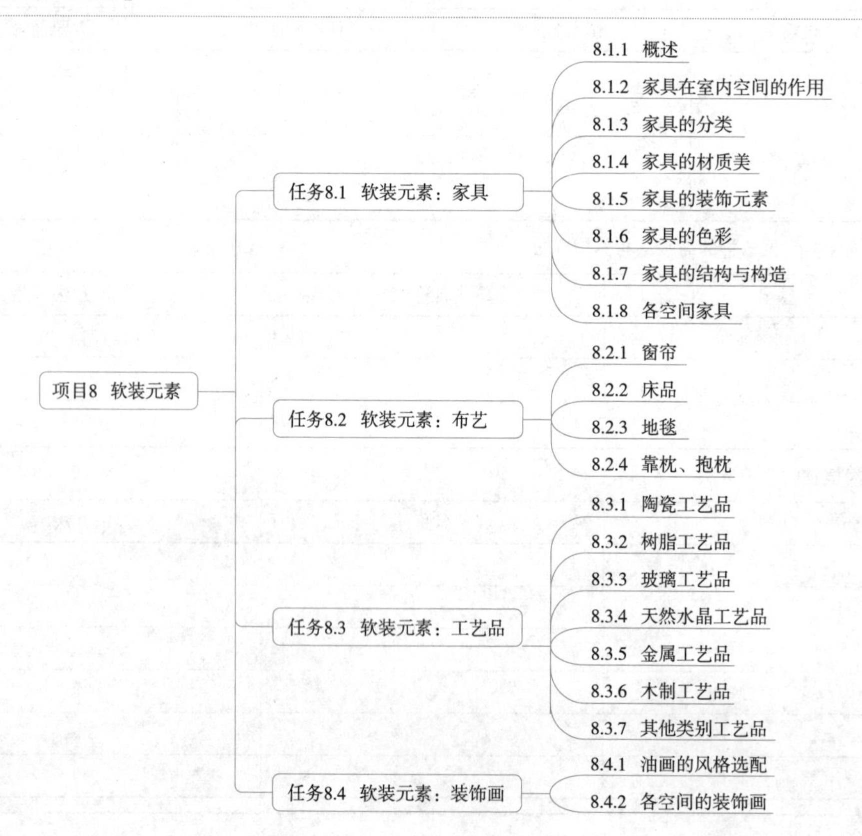

任务 8.1　软装元素：家具

【任务描述】

了解家具在室内空间的作用是学习住宅室内软装设计的前提，只有对家具在室内空间的作用作出准确的把握，且对家具的分类有深入的认识，才能够掌握家装各空间家具的运用，并在后面的课程中做出优秀的设计。

8.2　软装元素——家具

相关知识：

8.1.1　概述

家具贯穿于社会生活的方方面面，与人们的衣、食、住、行密切相关。随着社会的发展、科技的进步以及人们生活方式的变化而发展、变化。它是人们的生活必需品，提供人们坐、卧、工作、储存、展示的功能。从历史发展角度来看，家具是实用功能与艺术形态设计的综合，体现了社会的进步与科学技术的发展以及新材料、新工艺和新技术的紧密联系。

现代家具应用的类别，主要包括卧室用的床、床头柜、衣柜、床尾凳、妆台、妆凳、妆镜；书房用的书柜、书桌椅，餐厅用的餐柜、餐桌椅、酒柜；客厅用的组合柜、吊柜、电视柜、沙发、茶几；厨房用的橱柜、吊柜、操作台、吧台、吧椅；阳台、庭院用的休闲椅等。

8.1.2　家具在室内空间的作用

在建筑空间中现代人们的工作、学习、生活是通过家具来演绎和展开的，所以建筑空间需要把家具的设计与配套放在首位。家具的使用功能和视觉美感要与建筑室内设计相统一，包含风格、造型、尺度、色彩、材料、肌理等。家具在室内空间的作用表现在以下几个方面：

1. 组织空间，分隔空间

组织空间：这是家具的重要功能，它以人为本，体现功能需求，从而产生不同的功能效果，使空间更具变化与活力，增强特定氛围与情趣。

分隔空间：它在室内设计中应用广泛，沙发、吧台、酒柜、书柜等类家具是划分不同功能用途的标志，在布置上可以灵活多变。

2. 调节色彩，创造氛围

在室内装饰设计中家具有陈设作用，其色彩在室内装饰设计中具有举足轻重的地位。布局原则是“大调和、小对比”，其中“小对比”手法就是以家具色彩作为对比与调和的重点，在视觉上起到焦点与中心的作用。家具在室内空间中所占比例和体量较大，较为突出，因此，对室内空间氛围影响也大，既是实用品又是陈设品，体现着艺术审美、文化品质内涵。因此，正确选择、设计家具，塑造出需要的特定功能的空间环境十分重要。

3. 划分功能，识别空间

室内空间性质很大程度上是以家具的功能类型来确立。家具反映了空间的用途、规格、等级、地位、个性等，从而形成空间环境品格，体现着室内环境的整体设计风格。

8.1.3 家具的分类

随着社会进步和人类发展，现代家具设计几乎涵盖了所有的环境产品、城市设施、家庭空间、公共空间、工业产品。家具的丰富多样性产生了较多的家具类别。以下主要根据不同的标准来分类：

（1）按家具风格分类：现代家具、后现代家具、欧式古典家具、美式家具、中式古典家具、新古典家具、新装饰家具、田园家具、地中海家具等。

（2）按家具功能分类：办公家具、户外家具、客厅家具、卧室家具、书房家具、儿童家具、餐厅家具、卫浴家具、厨卫家具（设备）和辅助家具等。

（3）按使用场所分类：民用类家具和公用类家具。

（4）按材料分类：木质家具、竹材家具、藤制家具、钢材家具、塑料家具、玻璃家具、石材家具（大理石、花岗石、人造石材）、铁艺家具、皮革等。

（5）按家具结构分类：框式、板式、整装家具、拆装家具、折叠家具、组合家具、连壁家具、悬吊家具等。

8.1.4 家具的材质美

家具设计的造型之所以能够给观赏者以美感，也是基于它的材质。我们知道，任何家具的造型都是通过材料来创造形态的，没有合适的材料，独特的造型则难以实现。就家具而言，其依附于材料和工艺技术，并通过工艺技术体现出来。材料的不同，使家具在加工技术上带给人视觉和触觉上的感受也不同，室内陈设布局中掌握与选购好家具的款式与材质，不仅能强化家具的艺术效果，而且能体现家具的品质。

现代家具设计强调自然材料与人工材料的有机结合，例如金属与玻璃等人工的精细材料与粗木、藤条、竹条等自然的粗重材料的相互搭配，玻璃等金属通过机械加工体现出人工材料的精确、规整，竹、木、藤等自然材料则表现出人的手工痕迹，巧妙地借用对比和材料的搭配，呈现出了家具设计的材质之美。

8.1.5 家具的装饰元素

家具的装饰元素体现在不同历史发展时期，特别是古典时期的家具陈设，以复杂精湛的雕刻工艺塑造了不同的装饰元素，总体体现了豪华、精美的艺术效果。例如，西方古典中常用兽类的头、爪、足来显示使用者的威严与权利：受宗教的影响后，宗教的题材便应用在室内装饰陈设中，后期用贝类、植物的题材较多，显示精美而浮华的生活情境。东方应用在家具中的题材较多表现为花、鸟、兽、文字等，总体体现出一种吉祥如意、富贵之感。现代工艺的家具外观装饰总体上较为简约，以几何、简单的花纹作为修饰。

8.1.6 家具的色彩

家具通过造型形态和色彩产生美感，色彩是其中的重要因素。家具与色彩两者融为一体，是“最大众化的美感形式”。家具设计师不仅要运用造型与质感来表现家具设计的风格，而且还要充分利用色彩来表达设计的情调，设计师习惯于从丰富多彩的自然色彩中去提炼、概括，并根据所设计的内容，用色彩语言组成一定的色彩关系，再利用色彩的适当布局，形成韵律感和节奏感，使其形成一种独特的语言，传递出一种情感，从而达到吸引和感染消费者的目的。

1. 注重色调在家具色彩设计中的应用

（1）色调在总体色彩感觉中起到支配和统一全局的作用。色调决定着家具的风格，如生动活泼、精细庄重，柔和亲切、冷静、明快等特征。

（2）家具的功能是依据结构、时代、个人喜好及艺术等方面加以确定。以色形一致、以色助形、形色生辉作为设计标准，如儿童家具应具有色彩鲜艳、生动活泼的风格。

（3）色调分为暖色调（温暖、柔和），冷色调（冷清、凉爽），高彩度暖色调（刺激、兴奋感），低彩度冷色调（平静、思索），高明度色调（明快、清爽），低明度色调（深沉、庄重）。

2. 充分考虑色彩的生理、心理效应

（1）色彩的生理效应来自于色彩的物理光谱效应，对人的生理视觉有直接的影响。如红色使人情绪不安、兴奋、激动、血压升高，蓝色则具有使人情绪沉静、减缓血压等功效。

（2）色彩的心理效应更多地与地域、文化、风俗习惯、个性、宗教信仰等相关联。

8.1.7 家具的结构与构造

1. 家具的结构工艺

家具的结构是指家具的材料与构件之间的一定组合与连接方式，是依据一定使用功能组成的结构系统。

结构包括内部结构和外部结构。

（1）内部结构：零部件之间的组合方式，要依据材料自身特点决定构件方式。

（2）外部结构：与使用者相接触，是外观造型的直接反映。

2. 家具的构造形式

常见的六种构造形式：

（1）框架式构造：例如，中国传统家具的典型结构形式，横、立木构架，梁柱结构，起着支撑和负重的作用，板材起分隔、封闭空间的作用。

（2）板式构造：板件本身的结构和板之间的连接结构组成板式家具的基本结构。常用的板材有实木拼板、复合空心板、人造板等。大多采用各类组合和螺钉相结合的方式。

（3）拆装式构造：以连接构件来结合家具各部分零件。如框角连接件、插接连接件等方式。依据材料和功能的不同，其运用方式也不同。

（4）薄壁成型方式构造：以玻璃钢或塑料工艺成型，如一次性成型的沙滩椅、桌子等。

（5）折叠式构造：主要有桌、椅、凳，折叠式构造便于存放、运输，适用于餐厅、会场等多功能厅、公共场所等。

（6）充气式构造：由充气囊组成家具，适合旅游场所，如沙滩椅、沙发等。

8.1.8 各空间家具

1. 门厅家具

（1）门厅桌：关于门厅区域的百搭物品那就非门厅桌莫属了。只需在桌面上摆放一些日常的物件，便能起到极好的装饰作用，打造出别具一格的门厅区域，简洁而不简单，只要选择好门厅桌的大小规格便不会与室内空间显得格格不入。

如图 8-1 所示，半圆形的桌面配上精致的装饰，这种门厅桌经典而怀旧。虽然没有储物空间，但它平滑圆润的选型便于通行，适合较窄的通道和门厅。

图8-1 门厅桌

（2）门厅花架（图 8-2）：在门厅处放置绿植是很多业主的选择，与其将绿植放置在阳台和客厅各处，还不如在门厅处放置花架，将绿植尽情摆放，在进门的一瞬间便会被这一抹绿色吸引，巧妙将绿意融入整个空间。

图 8-2　门厅花架

（3）鞋柜：鞋柜既要具备实用功能，又要具备美观功能。如果入户有空间，顶天立地的大鞋柜能够收纳不少鞋子。鞋柜尺寸把控很重要，一般鞋柜宽度设计在350~400mm 之间，能够保证男士鞋子平放，小于 300mm 的鞋柜，就要设计成斜放式了。鞋子高度不同，要合理利用空间，每一格的距离就要充分考虑家里的实际情况。一般每格设计为 150mm 以上，根据实际情况设计可为 160mm、180mm、200mm、220mm 等尺寸，还有各种运动鞋平底鞋，男士的鞋子一般比女士会稍微高一点，设计中要充分考虑好这些因素。

（4）斗柜：大型的斗柜不太适合狭小的门厅，但是足量的储物空间不仅可以存放日用品，还可以收纳一些换季必需却不常用的东西。桌面配两盏台灯立刻就有了家的温馨感。斗柜的巧用，也可以作为鞋柜，还可以摆放钥匙、首饰、香水等，出门前随手拿很方便。

2. 客厅家具

客厅家具注重“以人为本”的功能需求。它的色调既要与现代居室环境相协调，又要能体现出主人的性情和爱好，其本质是为了让家具适应人的生活而不是人来适应家具。客厅既可以是与亲朋好友畅谈团聚的地方，也可以是独自看电视、阅读的地方，因此给客厅选家具的时候最重要的是先考虑各个空间的主要用途。

（1）沙发：布艺沙发几乎是北欧风格的标配，柔软的触感，弧度简洁优美的造型，可以给以简约著称的北欧风家居增添不少的温馨。不管是细腻的布料，还是自然的粗纤维，只要造型不夸张，都可以和空间融合得恰到好处（图 8-3）。

图 8-3　布艺沙发

图 8-4　皮艺沙发

在美式风格的装修，沙发一般很少见纯实木的，因此在美式风格的客厅中，几乎都以布艺或皮艺沙发为主，与中式的多种样式不同，美式风格的沙发搭配标准都比较统一。美式风格的皮沙发，一般是棕色的为主，这种稳重的色调，布置在现代大方的空间里，能给人以端庄舒适的气息（图 8-4）。

实木沙发是中式风格的常见搭配，同样把实木沙发运用到新中式风格的客厅里面，效果依旧是非常端庄有档次的（图 8-5）。

（2）电视柜：首先家里摆放电视柜是因为以前的电视机不像现在可以挂在墙上，所以就需要一个柜子安放。发展到现在，电视柜更多是起到一个装饰客厅的作用。好看的电视柜可以为客厅的装修风格加分增彩。其中，悬空电视柜设计较受欢迎（图 8-6），不仅起到较好的装饰效果，也让清洁变得容易。

图 8-5　实木沙发

图 8-6　悬空电视柜

地柜电视柜大多造型简单，属于整体风格比较简洁大气的类型。需要注意的是，为了刚好把插电板挡住，地柜的最佳高度为 42cm 以上（图 8-7）。

组合式电视柜：样式自由设计，对设计师要求较高。客厅、餐厅、入户风格统一，深受年轻人的喜欢。储物也比一字形更加实用（图 8-8 和图 8-9）。

满墙电视柜：偏收纳型，对客厅空间也有要求，空间太小了会压抑。

3. 餐厅家具

餐厅是人们就餐的场所。餐厅家具的款式、色彩、质地等需要精心选择，因为用餐的舒适与否跟我们的食欲有很大的关系。餐厅家具主要包括以下分类：餐桌、餐椅、吧凳、吧桌、餐柜、酒柜等。

（1）餐桌椅：餐桌椅的尺寸有大有小，一般来说，餐厅的面积越大，选购餐桌椅的尺寸也就越大。这是基于对餐厅美观性的考虑，也是基于对活动范围大小的考虑，切忌大餐厅选小餐桌，小餐厅选大餐桌。餐桌的尺寸选择，其实也跟餐桌的形状有关系，常见的餐桌形状款式有方形桌和圆形桌，两者对空间的占用也有不同。

1）方形餐桌（图 8-10）：方形餐桌包括正方形和长方形两种，尤其是长方形餐桌最常见，棱角分明的设计让空间显得更加灵活。适合小户型，现代简约家居风格，另外，如果家里有小孩老人，方桌要做好边角防撞保护。

2）圆形餐桌：在我们的传统文化里，每家每户都有一个大圆桌，吃饭时围在圆桌前，方便交流、热热闹闹。如果家里的人数多可以选择圆形餐桌。圆形餐桌更适合大户型，古典、中式、欧式风格，相较方形餐桌更显庄重。

（2）餐边柜：说起餐边柜，大多数人会觉得不算一个常用的家具，其实餐边柜用好

图 8-7　地柜电视柜

图 8-8　组合式电视柜 1

图 8-9 组合式电视柜 2

图8-10 方形餐桌

了，会起到非常大的作用。有不同风格造型的成品餐边柜，或选择定制餐边柜，可以更加有效地提高空间的使用率，还能完美地融入整体风格。

4. 卧室家具

卧室是所有房间最为私密的地方，也是最浪漫、最个性的地方，它不仅提供给我们一个舒适的休息环境，还兼具储物的功能。卧室应具有安静、温馨的特征，室内物件的摆设都需要经过精心设计。卧室家具主要包括床、梳妆台、衣柜、床头柜、床尾凳等。

（1）皮质软包床（图 8-11）：可以搭配简约风、轻奢风、复古风、欧式、美式等多种装修风格。

（2）布艺软包床（图 8-12）：黑白灰的颜色可以说是很百搭，灰色的布艺软包床可以搭配简约风、现代风、欧式经典风、简约北欧风等多种风格。

图8-11 皮质软包床

图8-12 布艺软包床

图8-13 实木床

实木床（图 8-13）：实木床可以搭配现代风、简约风、复古风、北欧风等风格。

（3）衣柜：一个好的衣柜，除了实用，还要与家里风格统一，可以起到美化空间的作用。

（4）床尾凳：我们在看西方宫廷剧的时候，时常会留意到在床尾会放着一条凳子。这条凳子有一个专属名称“床尾凳”。起源于西方贵族家具装修，刚开始是用作睡觉之前换鞋袜使用，但是后来床尾凳的作用有了很大变化。床尾凳有几个功能：

1）放置衣服，可以把睡衣、换下来的衣服，第二天要穿的衣服放在床尾凳上。

2）防止被子滑下来，睡觉喜欢动来动去的人，尤其是在冬天，厚重的被子很容易滑下床。

3）可以放置其他杂物，比如放几本常看的书、杂志，放刚从阳台收回来还没来得及放进衣柜的衣服等。

4）提高了空间的利用率，一般在床尾总是有不少的空间。

5）提高室内设计的美感，买一件赏心悦目、夺人眼球的床尾凳放在卧室，瞬间可以提升卧室的风格。

5. 儿童家具

儿童的成长远不是一个房间就能解决，设计师在做方案的时候，应该从整体空间的布局思维去思考。如果孩子年纪还小，儿童房里不放置大型家具；如果是较大一点的孩子，如已经到了学龄阶段，那么可以放置一些课桌椅、书架和衣柜，培养他们独立学习生活的能力。此外，家具的材料也很重要，要选择健康环保材料，这样有利于孩子的身心健康（图 8-14）。

图8-14 儿童家具

【任务实训】

任务 8.1	软装元素：家具	页码：

引导问题：了解市场上的家具行业分布情况。

任务内容	组员姓名	任务分工	指导老师

1. 列举市场上营业额排前三的家具设计公司，并说明特点。

公司名称	特点	介绍

2. 调研不同类型人群对家具的需求。

人群类型	需求分类	举例

任务 8.2　软装元素：布艺

8.3　软装元素
——布艺

【任务描述】

了解布艺在室内空间的作用是学习住宅室内软装设计的前提，只有对布艺在室内空间的作用做出准确的把握，且对布艺的分类有深入的认识，才能够掌握家装各空间布艺的运用，并在后面的课程中做出优秀的设计。

相关知识：

布艺能柔化室内空间生硬的线条，在营造与美化居住环境上起着重要的作用。丰富多彩的布艺装饰为居室营造出或清新自然，或典雅华丽，或高调浪漫的格调，布艺已经成为空间中不可缺少的“主将”。可以把家具布艺、窗帘、床品、地毯、桌布、抱枕等都归到家纺布艺的范畴，通过各种布艺之间的搭配可以有效呈现空间的整体感。

8.2.1 窗帘

传统意义上，窗帘的作用是装饰、遮光、避风沙、降噪声、防紫外线等。随着大众生活水平的提高，不仅对窗帘的功能提出了更高的要求，还要求它能准确地表达设计风格，营造美好的居住环境。

1. 卷帘（图 8–15）：卷帘最大的特点是简洁，四周没有花里胡哨的装饰。卷帘的窗户上边有一个卷盒，使用时往下一拉即可，比较适合安装在书房、室内面积较小的居室。

2. 折帘——百叶帘（图 8–16）：百叶遮光效果好、透气强，适宜安装在卧室或厨房内，可直接用水洗掉油污。百叶帘的可选颜色较多，已不再是单一的白色。

3. 折帘——罗马帘（图 8–17）：是新型装修装饰品，常用于家居和酒店等高档娱乐休闲场所的装饰，罗马帘装饰效果很好，显得华丽、漂亮，为窗户增添一份高雅古朴之美。

4. 水波帘（图 8–18）：一种在欧美非常流行的窗帘，由于其挂起来呈水波形状，故称为“水波帘”。

5. 布艺帘（图 8–19）：布艺帘是将布经设计缝纫而成的窗帘，按照面料成分和制作工艺可划分出非常多的种类，适合所有风格类型。

图8–15 卷帘

图8–16 百叶帘

图8-17　罗马帘

图8-18　水波帘

图8-19　布艺帘

8.2.2　床品

床是卧室布置的主角，床上布艺在卧室的氛围营造方面具有不可替代的作用。床品除了具有营造各种装饰风格的作用外，还具有适应季节变换、调节心情的作用。比如，夏天选择清新淡雅的冷色调布艺，可以达到心理降温的作用；冬天就可以采用热情张扬的暖色调布艺打造视觉的温暖感：春秋可以用色彩丰富一些的床上用品营造浪漫气息。

1. 欧式风格床品

多采用大马士革、佩斯利图案，风格大方、庄严、稳重，做工精致，这种风格的床品色彩与窗帘和墙面色彩应高度统一或互补。

2. 中式风格床品

多选择丝绸材料制作，中式团纹和回纹是这个风格最合适的元素，有时候会以中国画作为床品的设计图案，尤其在婚庆时采用的大红床组更是中式风格最明显的表达。

3. 田园风格床品

同窗帘一样，都由自然色、自然元素图案和自然布料制作而成，款式以简约为主（图 8–20）。

图 8-20　田园风格床品

图8-21　东南亚风格床品

4. 东南亚风格床品

色彩丰富，可以总结为“艳、魅”，多采用民族的工艺织锦方式，整体感觉华丽热烈，但不落庸俗之列（图 8-21）。

5. 地中海风格床品

地中海周边的国家由于长久的民族交融，床品风格变得飘忽不定，全世界的风格在这个区域基本都可以找到，但是清爽利落的色彩是这个区域共同秉承的原则（图 8-22）。

6. 现代风格床品

造型简洁，色彩方面以简洁纯粹的黑、白、灰和原色为主，不再过多地强调传统欧式或者中式床品的复杂工艺和图案设计，只是一种简单的回归（图 8-23）。

图 8-22　地中海风格床品

图 8-23　现代风格床品

8.2.3 地毯

地毯以强烈的色彩、柔和的质感，给人带来宁静、舒适的优质生活感受，价值已经大大超越了本身具有的地面铺材作用。地毯不仅可以让人们在冬天赤足席地而坐，还能有效地规划界面空间，有的地毯甚至还可以成为凳子、桌子及墙头、廊下的装饰物。

软装设计师在选择地毯时，必须从室内装饰的整体效果入手，注意从环境氛围、装饰格调、色彩效果、家具样式、墙面材质、灯具款式等多方面考量，从地毯工艺、材质、造型、色彩图案等诸多方面着重考虑。

1. 欧式风格地毯

多以大马士革纹、佩斯利纹、欧式卷叶、动物、建筑、风景等图案构成立体感强、线条流畅、节奏轻快、质地醇厚的画面，非常适合与西式家具相配套，可打造西式家庭独特的温馨意境和不凡效果。

2. 中式风格地毯

图案往往具有装饰性强、色彩优美、民族地域特色浓郁的特点，比如梅兰竹菊、岁寒三友、五福图、平安吉祥等题材，配以云纹、回纹、蝙蝠纹等图案，这种地毯多与传统的中式家具相配（图 8-24）。

3. 现代风格地毯

多采用几何、花卉、风景等图案，具有较好的抽象效果和居住氛围，可以在深浅对比和色彩对比上与现代家具有机结合（图 8-25）。

图 8-24　中式风格地毯

图 8-25　现代风格地毯

8.2.4 靠枕、抱枕

靠枕、抱枕是家居生活中常见的用品，类似枕头，一般仅有枕头大小的一半，抱在怀中可以起到保暖舒适的作用，同时带给家居环境一种温馨的感觉。

抱枕按制作的材料还可分为棉质、桃皮绒、蚕丝等。不同材料的抱枕给人的感觉不一样。纯麻面料的抱枕具有很好的吸湿性和透气性，高档的真丝香云纱抱枕，更是抱枕中用料的极品，带给人一种丝滑、凉爽的感觉。

不同颜色的抱枕与图案可以营造不同的风格氛围，起到强调效果的作用。一般中式风格多用丝绸面料，再配上绣有梅、兰、竹，菊等的花色图案（图 8–26）。

简欧风格的抱枕较多用卷草纹的绒布，或四方有连续的几何纹的面料（图 8–27）。

图 8–26　中式风格抱枕

图 8–27　简欧风格抱枕

东南亚风格的抱枕较多应用棉布、亚麻布艺制品，在装饰图案上采用亚热带植物的花叶、动物，在此基础上再融合东方与西方的装饰纹样，形成自己独特的风格元素（图 8–28）。

地中海风格的抱枕会使用一些帆船、舵、桨、海塔等元素（图 8–29）。

而现代简约风格搭配的抱枕形式花样较多，有动物、植物、人物、抽象几何等图案（图 8–30）。

图 8-28　东南亚风格抱枕

图 8-29　地中海风格抱枕

图 8-30　现代简约风格抱枕

【任务实训】

任务 8.2	软装元素：布艺	页码：

引导问题：了解市场上的布艺行业分布情况。

任务内容	组员姓名	任务分工	指导老师

1. 列举市场上营业额排前三的布艺设计公司，并说明特点。

公司名称	特点	介绍

2. 调研不同类型人群对布艺的需求。

人群类型	需求分类	举例

任务 8.3 软装元素：工艺品

【任务描述】

了解工艺品在室内空间的作用是学习住宅室内软装设计的前提，只有对工艺品在室内空间的作用做出准确的把握，且对工艺品的分类有深入的认识，才能够掌握家装各空间工艺品的运用，并在后面的课程中做出优秀的设计。

8.4 软装元素——灯具

8.5 装饰性软装元素

相关知识：

工艺品拥有独特的艺术表现力和感染力，是居室空间不可或缺的一部分，起到烘托环境气氛、强化室内空间特点、增添审美情趣、实现室内环境的和谐统一等重要作用（图 8-31）。

图 8-31 室内工艺品

在现代的软装设计执行过程中，当符合设计意图的家具、灯具、布艺、画品等摆设选定后，最后一关是加入饰品，在室内空间的设计中，饰品的作用举足轻重，软装设计师对这一关的把握能决定整个项目的成功与否。

摆工艺品时要注意以下几点：

1. 布置工艺品是非常个性化的一个环节，它能够直接影响到居室主人的心情，引起其心境的变化；工艺品作为可移动物件，具有轻巧灵便、可随意搭配的特点，不同工艺品间的搭配，能起到不同的效果。

2. 优秀的工艺饰品甚至可以保值、增值，比如中国古代的陶器、金属工艺品等，不仅能起到美化的效果，还具备增值能力。

作为设计师应该充分考虑客户的需求，为客户配置出符合主人身份和装饰风格特色的饰品，为客户做好参谋，是软装设计师的主要工作；另外，较强的动手能力、善于发现、善于创造是软装设计师的法宝。室内装饰品包含餐厅、客厅、卧室、书房、厨卫等空间的陈列工艺品，如陶瓷、树脂、玻璃、天然水晶、金属、木制工艺品等。

8.3.1 陶瓷工艺品

陶瓷的历史可以追到远古时期，如今传统的陶瓷工艺品有了新发展，注入了许多时尚的元素（图 8–32）。

8.3.2 树脂工艺品

人们常说的树脂其实可以分为天然树脂和合成树脂两大类。天然树脂有松香、安息香等；合成树脂有酚醛树脂、聚氯乙烯树脂等。在全球自然资源日趋紧张的今天，环保的人工树脂作为新材料被广泛应用，这为人们的生活带来了非常多的惊喜（图 8–33）。

图 8–32　陶瓷工艺品

图 8–33　树脂工艺品

8.3.3 玻璃工艺品

具有色彩鲜艳的气质特色，适用于室内的各种陈列（图 8–34）。

8.3.4 天然水晶工艺品

天然水晶是一种颇受人们喜爱的宝石，它和玻璃的外观十分相似，但却是两种完全不同的物质。在现代的工艺制品中多被冠以玄学理念，这方面设计师要仔细分辨，合理利用（图 8–35）。

8.3.5 金属工艺品

用金、银、铜、铁、锡、铝、合金等材料或以金属为主要材料加工而成的工艺品统称为金属工艺品。金属工艺品的风格和造型可以随意定制，以流畅的线条、完美的质感

图 8-34　玻璃工艺品

为主要特征，几乎适用于任何装修风格的家庭（图 8-36）。

8.3.6　木制工艺品

从古至今，木制工艺品由于木材质稳定性好、艺术性强、无污染且极具保值性的特点，深受人们的喜爱和推崇。传统木制工艺品主要以浮雕为主，匠人们采取散点透视、鸟瞰透视等构图方式，创作出布局丰满、散而不松、多而不乱、层次分明、主题突出、故事情节性强的各种题材作品。如今随着时代的变迁，木制工艺品在保留传统工艺的基础上派生出许多的门类，木制工艺品已经不仅仅是手工雕刻的一种技艺（图 8-37）。

8.3.7　其他类别工艺品

如今的工艺饰品分类非常之多，只要一切合乎美学的装饰品均可以作为工艺品使用，除上述几种常规分类之外，生活中还有一些常用的其他类别的工艺品，如工艺蜡烛、香薰精油、烛台、古董、装饰画、手绘画等。

图 8-35　天然水晶工艺品

图 8-36　金属工艺品

图 8-37　木制工艺品

1. 工艺蜡烛

作为工艺品，它已是点缀生活不可或缺的元素，在我们的餐桌上、茶几上、卧室里，工艺蜡烛除了可以净化空气、清除空气中的细菌外，也成为人们生活情趣的催化剂（图 8–38）。

2. 香薰精油

除了考虑到视觉的享受，还要考虑嗅觉，这时精油无疑是最好的选择。香薰精油不仅可以保健杀菌，还能使居家或办公环境更加健康芳香，起到放松心境、愉悦心情的作用（图 8–39）。

图 8–38　工艺蜡烛

图 8–39　香薰精油

3. 烛台

烛台从最初的照明器具到如今的装饰摆设，成了增添生活情趣的时尚用品，很多时候一款别样的烛台还具有很好的收藏价值（图 8–40）。居室装饰搭配的烛台要注意以下几点：

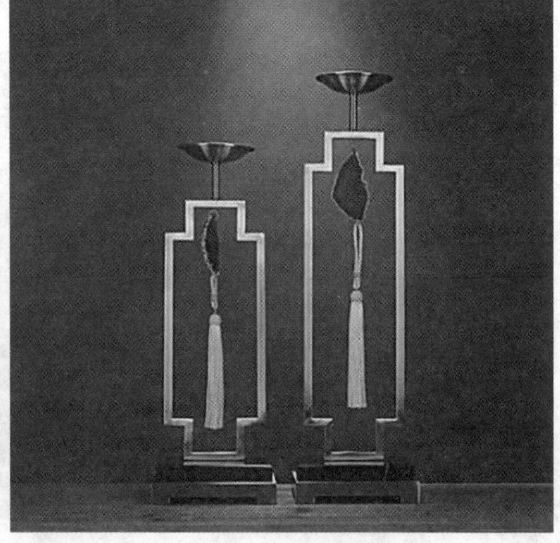

图 8–40　烛台

（1）一般烛台分为东方风格和欧式风格两种，东方风格传统烛台的款式多为管状圆柱立于高台盘；欧式烛台造型中多使用欧式罗马柱或卷叶等元素。

（2）材质上，中式烛台多采用铜、锡、银、陶瓷等打造；欧式烛台多采用水晶、玻璃、铁艺等材质制作。

（3）烛台作为装饰的点缀物可以装点生活空间，但绝对不可以成为主角，在选择烛台时要恰到好处，室内摆放不宜多。

【任务实训】

任务 8.3	软装元素：工艺品	页码：

引导问题：了解市场上的工艺品行业分布情况。

任务内容	组员姓名	任务分工	指导老师

1. 列举市场上营业额排前三的工艺品设计公司，并说明特点。

公司名称	特点	介绍

2. 调研不同类型人群对工艺品的需求。

人群类型	需求分类	举例

任务 8.4 软装元素：装饰画

【任务描述】

了解装饰画在室内空间的作用是学习住宅室内软装设计的前提，只有对装饰画在室内空间的作用做出准确的把握，且对装饰画的分类有深入的认识，才能够掌握家装各空间装饰画的运用，并在后面的课程中做出优秀的设计。

相关知识：

装饰画在室内装饰中起着很重要的作用，装饰画没有好坏之分，只有合适与不合适的区别。软装设计师要具备适当的装饰画知识，认识和熟悉各种画品的历史、色彩、工艺和装裱方式，熟练掌握各种特性的装饰画的运用技巧和陈设方式，通过合理的搭配和选择，将合适的画品用到合适的地方。

8.4.1 油画的风格选配

现代装饰设计中，各个风格的室内陈设几乎都可以用到油画作品，但是油画作品的选择具有很强的专业性，软装设计师应该从画作与室内装饰的色彩、风格是否搭配的角度去选择。选择合适的装饰油画才能为居室增添光彩，否则适得其反。

（1）色彩搭配色彩上应和室内的墙面、家具有所呼应，不显得孤立。假如是深沉稳重的家具式样，就要选与之协调的古朴素雅的画作。若是明亮简洁的家具和装修，最好选择活泼、温馨、前卫、抽象的画作。

（2）风格搭配居室内最好选择同种风格的装饰油画（图 8-41），也可以偶尔使用一两幅风格截然不同的装饰油画做点缀，但不可太乱。另外，如装饰油画特别显眼，同时

图8-41 不同风格的油画

风格十分明显、具有强烈的视觉冲击力，那最好按其风格来搭配家具、靠垫等。

（3）油画品质量尽量选择手绘油画，现在市场有印刷填色的仿真油画，时间长了会氧化变色。一般从画面的笔触就能分辨出：手绘油画的画面有明显的凹凸感，而印刷的画面平滑，只是局部用油画颜料填色。

偏中式风格的房间，最好选择中国题材的油画、风景油画或者以花鸟鱼虫为主题的油画，也可以选用特殊效果的油画，如刀画、厚涂的油画、梦幻和写意的油画等。因为这些油画多数带有强烈的传统民俗色彩，和中式装修风格十分契合，另外这类油画也很适合那些追求个性的业主（图 8–42）。

偏现代风格的装修适合搭配印象、抽象类油画；后现代等前卫时尚的装修风格则特别适合搭配现代抽象题材的装饰油画（图 8–43），也可选用个性十足的装饰油画，如抽象化的个人形象海报油画等。

图 8–42　中式风格油画

图 8–43　现代风格油画

8.4.2　各空间的装饰画

1. 门厅配画

门厅、偏厅这些地方虽然不大，却往往是客人进屋后第一眼所见之地，是第一印象的焦点，可谓“人的脸面”，这类空间的配画应该选择格调高雅的抽象画或静物、插花等题材的装饰画，来展现主人高雅的品位，或者采用门神等题材画作来预示某种愿望（图 8–44）。

2. 客厅配画

客厅是家居的主要活动场所，客厅配画要求稳重、大气，从中国传统理论来讲，客厅的装饰摆设会影响到主人的各种运势，所以客厅配画需要特别注意以下因素的把握：

（1）从风格上讲，古典风格以风景、人物、花卉题材画作为主，比如中国古典主义的装饰风格应挂一些卷轴、条幅类的中国书法作品以及水墨画（图 8–45）；欧洲古典主

图 8-44 门厅配画

图 8-45 中国古典风格配画

义风格或是新古典主义的简欧风格，则挂一些各种材料画框的油画、水粉水彩画；现代简约风格就可以选择现代题材的风景、人物、花卉或抽象画（图 8-46）。

（2）可以根据主人的特殊爱好，选择一些特殊题材的画，比如喜欢游历的人可挂一些内容为名山大川、风景名胜的画；喜欢体育的朋友可以挂一些运动题材的画；喜欢文艺的朋友可以挂一些与书法、音乐、舞蹈题材有关的画。

3. 餐厅配画

餐厅是进餐的场所，在挂画的色彩和图案方面应清爽、柔和、恬静、新鲜，画面最好能勾人食欲，尽量营造一种“食欲大增”“意犹未尽”的氛围。

选画题材：一般情况下餐厅可配一些人物、花卉、果蔬、插花、静物、自然风光等题材的挂画，用以营造热情、好客、高雅的氛围（图 8-47），吧台区还可挂洋酒、高脚

图 8-46 现代简约风格配画

图 8-47 餐厅配画

杯、咖啡杯具等现代图案的油画。

4. 卧室配画

卧室配画要凸显出温馨、浪漫、恬静的氛围，应以偏暖色调为主，如一朵绽放的红玫瑰、意境深远的朦胧画等主题都是不错的选择。当然，也可以把自己的肖像、结婚照挂在卧室里，以增进情感（图 8-48）。

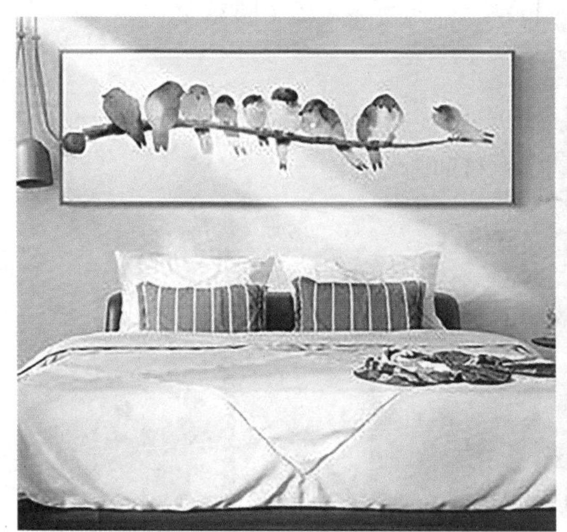

图 8-48　卧室配画

5. 儿童房配画

儿童房是小孩子的天地，充满了幻想、快乐和无拘无束。儿童房色彩要明快、亮丽；选材多以动植物、漫画为主，配以卡通图案；尺寸比例不要太大，可以多挂几幅；不需要挂得太过规则，挂画的方式尽量活泼、自由一些，营造出一种轻松、活泼的氛围。

6. 书房配画

书房通常要求凸显强烈而浓厚的文化气息，书房内的画作应选择静谧、优雅、清淡的风格，力图营造一种愉快的阅读氛围，并借此衬托出“宁静致远”的意境（图 8-49）。用书法、山水、风景内容的画作来装饰书房永远都不会有画蛇添足之感，也可以选择主人喜欢的特殊题材。另外，配以抽象题材的装饰画能充分展现主人的独有品位和超前意识。

图 8-49　书房配画

7. 卫生间配画

卫生间一般面积不大，但是很重要，在国外，卫生间的环境好坏直接影响到一家酒店的档次，家居环境也是如此。现在很多时候设计师或者业主对该空间的重视程度有限，其实不能马虎。挂画可以选择清新、休闲、时尚的画面，比如花草、海景、人物等，尺寸不宜太大，也不要挂太多，点缀即可。如果有条件，在卫生间配上一两幅别具特色的画，也是不错的选择，比如诙谐幽默的题材，也是一种特殊的风格（图 8-50）。

8. 走廊或楼梯配画

走廊和楼梯空间很容易被人忽略掉，其实这些空间非常重要，因为这些空间一般比较窄长，所以以 3 ～ 4 幅一组的组合油画或同类题材油画为宜。

图 8-50　卫生间配画

【任务实训】

任务 8.4	软装元素：装饰画	页码：	
引导问题：了解市场上的装饰画行业分布情况。			
任务内容	组员姓名	任务分工	指导老师

续表

任务 8.4	软装元素：装饰画	页码：

1. 列举市场上营业额排前三的装饰画设计公司，并说明特点。

公司名称	特点	介绍

2. 调研不同类型人群对装饰画的需求。

人群类型	需求分类	举例

项目9

中小户型家装空间设计

知识目标：1. 了解中小户型家装的造型元素；
2. 了解中小户型家装的形式美法则；
3. 了解中小户型家装的功能与构成；
4. 懂得中小户型家装的设计手法。

技能目标：完整设计并且绘制一套中小型家装设计图。

素质目标：培养创新意识和设计思维，能在实践中合理运用已有的知识和技能，提出新颖的设计方案，并能够将其具体落实到实践中。

【思维导图】

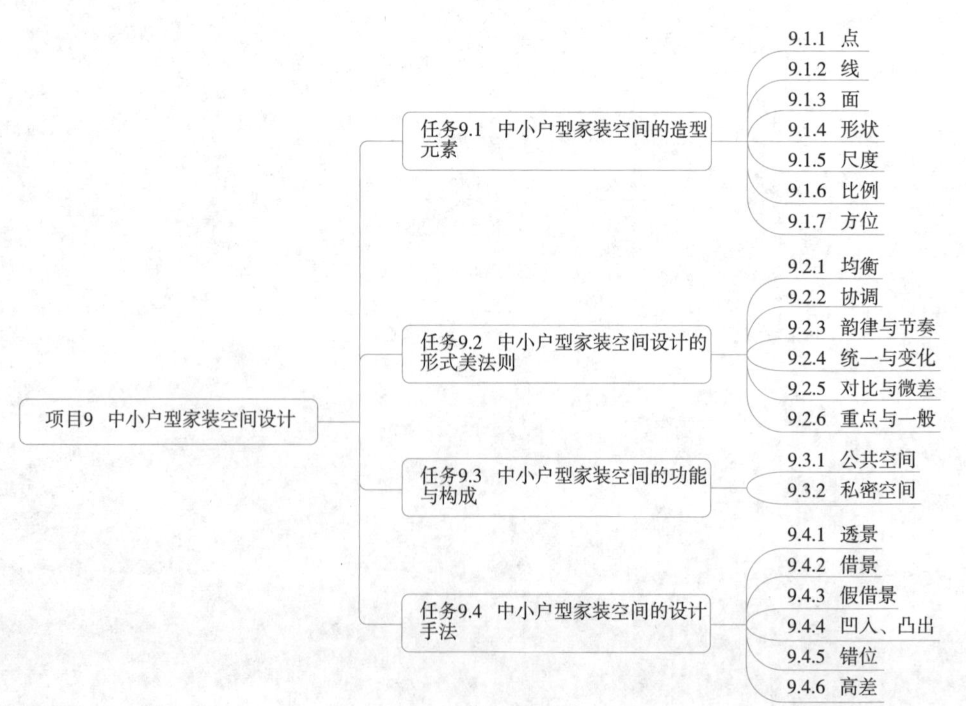

任务 9.1　中小户型家装空间的造型元素

【任务描述】

了解中小户型家装空间的造型元素是学习好住宅室内空间设计的基础，只有对中小户型家装空间的造型元素进行很好的掌握，才能够把握住宅室内空间设计的本质，并在后面的课程中做出优秀的设计。

9.1　中小户型家装空间的造型元素

相关知识：

室内家装空间的造型元素包括点、线、面等，这是家装各种造型形成的基本形态，不同形态再以多样化的尺度、比例和方位进行组合穿插，就能形成各种具有视觉冲击和心理暗示的空间造型。

9.1.1　点

点在家装空间中用于标记位置，在概念上没有长和宽，是无方向性的。在室内空间中，较小的形都可以称为点。例如，一幅画在一块大面积的墙面，画就可以称为点，或者一件家具在一个大的房间中也可以被视为点，它可以起到在空间中标记位置或聚焦人的视线的作用。

在该空间中，可以将白色的落地灯看作点，如整个空间采用了淡雅的咖啡色调配色，家具和封面装饰的造型也都非常简约。白色的落地灯无论是色彩还是造型，都能够成为该区域的焦点，使空间更加富有活力。

点可以有规律地排列，形成线或面；也可以自由组合，形成一个区域，或者按照某种几何关系进行排列，从而形成某种造型。

点是视觉元素中最基本的元素，任何的形都是从点开始，在家装装修设计中，点是有大小、形状、位置和面积的，点虽然小，但是也有自己的形态特征，点是多样的，可以规则，也可以不规则。可以抽象，也可以具象，也可以是各种形状，如电视相对于电视墙就是一个点。

如最重要的功能就是表明位置和进行聚集。一个茶几上摆放的水果盘，屋顶的吊灯，是最容易吸引人的视线的，一个墙面上的装饰，能够体现家装设计师和业主的审美，也能体现业主的情怀。点是所有视觉元素中最为简洁的元素，有很多方面的变化。

1. 点的大小、疏密

点大了就趋向于面，点小的话就更容易聚集。

2. 点的形状

点的外形就是点的形状，点不仅是圆形，也可以是任何形状，沙发相对于客厅就是一个点，沙发的选取也是至关的重要，沙发这个形状有L形、长方形、圆形等不一样的形状，影响整个客厅的空间感，对于业主的后期使用都有深远的影响。

3. 点的视觉张力

点本身是内倾的，张力总是向心。如果点在中央，整体感觉就比较均衡，如果在画面的边缘，则会产生紧张感。比如在家装装修设计中，客厅悬挂的壁画都是居中悬挂，更能体现一种安宁舒适的感觉。

4. 点的色彩

点的色彩主要是点的配色，整体和局部的关系。色彩在家装装修设计中，有冷色调、中色调和暖色调，一般冷色调趋向于科技感、空间感，中色调趋向于简约的设计，而最为常见的就是暖色调，更能让人感觉温馨感。

5. 点的形态

点的形态在家装装修设计中，有很强的视觉感受，一个合格的，优秀的家装装修设计师，既要看到点的灵活性，又要注意点的不稳定性，尽量利用点的大小、方向、位置变化和色彩搭配而产生的丰富聚散效果。

9.1.2 线

将一个点延伸可以成为一条线。如果有足够的连续性，将相似形态的点要素进行简单的重复，就可以限定出一条线。线的一个重要特性就是它的方向性，水平线条能够表现稳定和平衡，给人稳定、舒适、安静与平和的感觉；垂直线条则表现出一种与重力相均衡的状态，象征向上、坚韧和理想；斜线可以视为正在升起或下滑，暗示一种运动，在视觉上是积极的，给人以动势和不安静感；曲线表现出一种由侧向力所引起的弯曲运动，倾向于突出柔和感。在室内空间中，作为线出现的视觉对象有很多，凡长度方向较宽度方向大得多的对象都可以视为线，例如，室内的柱子及作为装饰的条纹壁纸等。

室内空间的吊顶也是线的一种表现形式，在该室内空间中，吊顶根据空间布局采用了曲线的表现形式，给人以流动和韵律感，并且对吊顶的曲线装饰进行了重复，增强了空间顶部的层次感。

线的类型及特性：

（1）直线具有男性的特征，有力度，相对稳定，一般从直线得到的感觉是明快、简洁、力量、通畅、有速度感和紧张感。水平的直线容易使人联想到地坪线，会使整个家装设计的空间感十足，水平的线的能够使人感觉到平稳、宁静与安定。所以一般的家装设计的客厅都采用直线的设计。其他类型的直线，在家装装修设计中就各自灵活处理，垂直的线使人感到挺拔、坚强有力和方向感；斜线使人感受到发展、方向和动感；折线使人有不安定感；粗线稳重踏实，有前进感；细线锐利有速度感和柔弱感。

（2）曲线具有女性的特征，具有柔软、丰满、感性、优雅的感觉，曲线可以分为规则的曲线和不规则的曲线，一般情况下，家装装修设计中，曲线的应用多为桌、床、的设计，表达床的柔软和舒适，桌采用圆角主要是实用性的考虑。几何规则的曲线，具有现代感和标准的节奏感，而自由线形的曲线，则会根据其不同的方向和成型轨迹，反映出不同的情感，具有柔和、自由和变化的节奏感，比如说卫生间中的流水形设计，让人更加放松。

（3）将线等距或是有规律的密集排列，在视觉上会形成面的感觉，即线的面化，线的密集除了形成平面的感觉，还能形成体的感觉，是线的情感的深层次的表达，在家装装修设计中，一些挂画和摆件，尤为重要和突出。

（4）在家装装修设计中，线的应用是和设计师的能力水平息息相关的，线的把握也考验一个设计的水平，线的情感有积极的情感，也有消极的情感，整个家装装修中，线是能够控制业主的情绪波动，控制空间节奏，有引导的作用。

如果想搭配出表现一种积极、向上的情感线，可适当让线条布局更加轻松、自然，这样能够让业主感觉到舒适，比方说，沙发和茶几的摆放，就是典型的线的设计，一般圆形的桌子，搭配简单的凳子为宜。

线在家装装修设计中，有着独特的情感作用，配合色彩的搭配，能够让整个空间变得适当，或舒畅，或温馨，这取决于业主的需求和设计师的出发点。在家装装修后更是能够影响生活居住的情感波动。

9.1.3 面

线沿着非自身方向延展，即可形成面。水平面显得平和、宁静，有安定感；垂直面有紧张感，显得挺拔；斜面具有动感，效果比较强烈；曲面常常显得温和、轻柔，具有动感和亲切感。室内空间的顶面、地面、侧面都是典型的面，面能够限定空间的形式和三维特征，每个面的属性（尺寸、形状、色彩、质感）以及它们之间的空间关系，最终决定着这些面限定的形式、所具有的视觉特征以及它们所围合的空间质量。

面是构成图形的主要视觉元素，面具有更加明确的形状感和完美性，更具有视觉力度和冲击力，在家装领域，尤其是一进门的门厅的展示更突出家中主人的处世之道。客厅的墙面，也是主人情怀的重要体现，面可以是透明的、动态的、强势的、有韵律的、有立体感的或是具有错觉感的、弯曲的、折叠的等。

1. 面的形状与情感

（1）几何规则的面

遵循某一特定的数学规律，呈现简洁、秩序分明、理性的感觉，比如说家装装修设计中表的悬挂位置及形状，但是切记不要过于简单，过于简单也会给人呆板和机械的感觉，方形最能强调垂直线和水平线的效果，它呈现的一种安定的感觉。正圆有体现严谨的感觉，而扁圆更富有美感。

（2）有机形态的面

遵循某种自然法则，给人感觉自然、随和、并具有生命感，很多的现代人，在家装装修设计中，阳台的位置，要放置一些花草，或是躺坐式沙发，由于其展示的一种流水形的自然面，更加让人觉得舒适和自然。有些在庭院中也设计有走廊。

（3）自由面

相对于有机形态的面，自由面主要是人为制造的。用各种技能随意的构成面。充满偶然性和不确定性，体现人情味和温和之感，在家装装修设计中，餐厅的吊灯，顶面的立体设计，柜面的搭配，都是体现设计师对于面的理解。处理不当，就会让人产生混乱无章，七零八落的感觉。

（4）实面

实面是由连续不断记录的线的轨迹构成的面，它的轮廓清晰、内容完整、有着明确的领域感和视觉重力，给人稳定、坚实、明朗的感觉，在家装装修设计中，也是尤为突出家的安定和清新。对于一般的商业的住宿环境，要求比较严格。

（5）虚面

虚面是间隔记录线的轨迹。间隔记录频率越低，虚面的轮廓、内容越不清晰、不清楚。虚面可以体现一种模糊的感觉，给人以神秘感，在家装装修设计中，多应用于浴室的隔断。

2. 面的边缘

面的边缘是一个独立的概念，与之还有面与面的距离的内边距的概念、面与面之间的距离的外边距的概念，面的边缘可以是光边，也可以是毛边和柔边，光边的面具有稳定性、内聚力；毛边的面常常在造型上，具有向四周发射的力量，视觉冲击力强；柔边的面往往和周围的空间混成一片，更让人在视觉上产生模糊，在家装装修设计中，边缘的处理也是业主最为关心的问题。

3. 面的颜色和材质

面的颜色和材质在面的设计中，占很大的比重，在家装设计中，面的颜色的处理，是奠定设计风格的基础。

在面的处理上，考验设计师整体把握的能力，对于每一个优秀的设计作品，面的搭配，能够给学习者、业主以及其他观赏的人带来不一样的冲击感，也能反映家装装修设计的风格。

9.1.4　形状

形状一般可以分为三类：一是自然形（具象形），即用于表现自然界中的各种形象；二是非具象形，一般指的是不模仿特定的物体，也不参照某个特定的主题，或者按照某一种程序演化出来的，诸如书法和符号等；三是几何形，其在室内设计中的运用最为广泛，几何形通常有直线形与曲线形两种，直线中的多边形和曲线中的圆形是使用最频繁的形态。在所有几何形中，最醒目的是圆形、三角形和正方形，转为立体形态就生成了球体、圆柱体、圆锥体、方锥体和立方体等。

该室内空间中的墙面运用了非具象形和几何形做装饰，地毯则是源于大自然的花草形状的图形，这些造型的选取让简约的室内空间多了一份自然的气息。

9.1.5　尺度

尺度是由物体形式的尺寸与周围其他物体形式的关系决定的，尺寸是物体形式的实际量度，也就是它的长度和深度，这些量度决定了形式和比例。尺度对于形成特定的环境氛围有很大的影响，物体给人的感受形成了人体尺度。如果室内空间或空间中各部分的尺寸使人们感觉自己很渺小，人们便会说它缺乏人体尺度感；反之，如果室内空间或空间中各部分的尺寸让人们感觉大小合适，人们就会说它比较符合人体尺度。

比如，小户型空间适合现代简约风格的室内设计。家具、家电等都选用适合空间面积的尺寸，简约的设计能营造出温馨、舒适的空间氛围。

9.1.6　比例

在室内设计中，比例一般是指空间、立面、家具或陈设本身的各部分尺寸应该有较好的关系，或者是指家具和陈设应该与其所处的空间具有良好的比例关系。不同的比例关系，常常会使人形成不同的心理感受，就空间的高宽比例而言，高而窄的空间常常会使人产生向上的感觉，利用这种感觉，空间能够产生崇高、雄伟的艺术感染力；低而宽的空间常常会使人产生侧向延展的感觉，利用这种感觉，可以营造一种开阔、舒展的氛围，一些门厅采用这样的比例；细而长的空间会使人产生向前的感觉，利用这种空间，可以营造一种深远的氛围。

9.1.7 方位

当一个物体在室内空间处于中央位置时，就容易引起人们的注意；当它在空间中发生位置变化时，又可以使空间变得富有变化，具有灵活性。物体的方位变化能够使人产生不同的视觉效果和心理感受。

在客厅中，电视通常放在电视景墙的中心位置，成为电视背景墙的焦点；沙发通常放在沙发背景墙的中心位置，成为沙发背景墙的焦点。

【任务实训】

任务 9.1	中小户型家装空间的造型元素	页码：

引导问题：了解中小户型家装空间的造型元素。

任务内容	组员姓名	任务分工	指导老师

列举市场上中小户型样板间造型元素的运用，并作相关说明。

名称	图片	运用介绍

任务 9.2 中小户型家装空间设计的形式美法则

【任务描述】

了解中小户型家装空间设计的形式美法则是学好住宅室内空间设计的重点，只有掌

握中小户型家装空间设计的形式美法则，才能够把握住宅室内空间设计的原理，并在后面的课程中做出优秀的设计。

9.2 中小户型家装空间设计的形式美法则

相关知识：

不同空间设计元素之间的组合方式多种多样，设计时如果遵循一定的空间形式美法则的话，就会产生极好的视觉效果和空间感觉。那什么是空间设计的形式美法则呢？

室内空间的形式美法则和人们平常说的构图原则类似，主要包括均衡、协调、韵律与节奏、统一与变化、对比与微差以及重点与一般。

9.2.1 均衡

均衡一般涉及室内空间构图中各要素前、后、左、右关系的处理，均衡有两种基本形式：一种是对称的形式，另一种是非对称的形式。对称的均衡方式能够取得端庄、严肃的空间效果。非对称的方法效果更加灵活、生动。

1. 对称式均衡

客厅中间位置可以看作一条中轴线，在中轴线的两侧对称放置沙发、桌子、台灯以及墙面上的装饰画，使空间给人稳定而均衡的感觉。

2. 非对称式均衡

通过家具的摆放造成一种非对称的视觉效果，为空间带来了活力。

9.2.2 协调

空间设计最基本的要求就是将所有的因素通过设计协调地组合在一起。协调的意义就在于体现构图中各部分之间或各部分组合之间视觉的一致性，对于相似与不相似的各个要素，经过认真布置后给人协调、统一的印象。

9.2.3 韵律与节奏

在设计实践中，韵律的表现形式有很多，比较常见的有连续韵律、渐变韵律、交错韵律等，它们能够产生一定的节奏感。

1. 连续韵律

连续韵律一般是以一种或几种元素连续、重复排列而形成的，各元素之间保持一定的距离关系，可以无止境地连绵延长，往往给人整齐划一的强烈印象。

2. 渐变韵律

渐变韵律是指按一定的规律时而增加、时而减小，如波浪起伏或者具有不规则的节奏感，形成起伏的律动，这种韵律比较活泼且富有运动感。

3. 交错韵律

交错韵律，是指连续重复的元素按一定的规则相互交织、穿插形成的规律。各元素相互制约、一隐一显，表现出一种有组织的变化。

9.2.4 统一与变化

室内空间设计在强调空间统一的同时，也不排除对变化与趣味的追求。均衡以及协调的本意就是要把构图中一些互不相干的特性与元素兼收并蓄，如非对称式均衡，可以使尺寸、形态、颜色和质地不同的各种元素获得平衡，而相同特征元素的协调同样允许这些同类元素在统一中具有变化。

9.2.5 对比与微差

对比指的是元素之间的差异比较显著，而微差指的是元素之间的差异比较微小。在室内设计中，对比与微差是常用的手法。对比可以借彼此之间的烘托来突出各自的特点以求得变化；微差则可以借助相互之间的共性求得和谐。没有对比，会使人感到单调，但过分强调对比，也可能因失去协调而造成混乱，只有把两者巧妙地结合起来，才能够达到既有变化又充满和谐的效果。对比与微差主要体现在同一性质的差异上，如大与小、直与曲、虚与实以及不同形状、不同颜色、不同材质等。

9.2.6 重点与一般

在室内设计中，从空间限定到造型处理，再到细节陈设装饰，都涉及重点与一般的关系。各种艺术创作中的主题与副题、主角与配角、主体与背景的关系也是重点与一般关系的体现。

功能是室内设计最基本的层面，它反映了人们对室内空间舒适、方便、安全、卫生等各种实用性的要求，进行室内空间设计，目的就是改善和满足室内空间的功能，使人们感到心理上的满足，继而上升到精神上的愉悦。因此，形式美法则应该在满足空间功能的前提下加以应用，以提升空间的艺术表现力。

【任务实训】

任务 9.2	中小户型家装空间设计的形式美法则	页码：

引导问题：了解市场上中小户型家装空间设计的形式美法则。

任务内容	组员姓名	任务分工	指导老师

列举市场上中小户型样板间空间设计的形式美法则，并作相关说明。

名称	图片	运用介绍

任务 9.3　中小户型家装空间的功能与构成

【任务描述】

了解和掌握中小户型家装空间的功能与构成是学习好住宅室内空间设计的关键，只有对中小户型家装空间的功能与构成进行很好的掌握，才能够把握住宅室内空间设计的原理，并在后面的课程中做出优秀的设计。

9.3　中小户型家装空间的功能与构成

相关知识：

因为建筑设计的时候，空间本身多少会有不理想的地方，所以我们需要根据空间的功能和家庭的需求，在家装设计的过程中我们重新把一个户型根据需求划分，以此来满足人们的需求。

一般来讲人们在家装空间中的需求有：起居、饮食、工作学习、清洁卫生、储藏、家庭团聚等。划分出来的每个区域都有自己的条件需求以及所承担的功能责任。

家装空间一般有两种性质的空间构成：公共空间和私密空间。

9.3.1 公共空间

公共空间是家庭给公共需要的综合活动场所，是家人相互交流增进情感和娱乐的主要场所，同时也是家庭和外界交际的场所。公共空间属于所有人都可使用的空间，所以设计的时候需要顾及家庭中的所有人。

公共空间部分活动内容包括交流、聚会、视听、用餐、娱乐等；所涉及的空间有门厅、起居室等。

门厅也叫玄关，一般充当户口门与客厅的缓冲过渡作用。门厅是进入室内换鞋、更衣的缓冲空间，也有人把它叫作斗室、过厅。在住宅中玄关虽然面积不大，但使用频率较高，是进出住宅的必经之处。

门厅有以下三大功能：

1. 视觉屏障作用

门厅对户外的视线产生了一定的视觉屏障，不至于开门见就让人们一进门就对客厅的情形一览无余。它保证了厅内的安全性和距离感，在客人来访和家人出入时，门厅能够很好地解决干扰和心理安全问题，使人们出门入户过程更加有序。

2. 使用功能

门厅在使用功能上，可以用来作为简单地接待客人、换衣、换鞋等的地方，也可设置放包及钥匙等小物品的平台。

3. 保温作用

门厅在冬天可形成一个温差保护区，避免冬天寒风在开门时和平时通过缝隙直接入室。门厅在室内还可起到非常好的美化装饰作用。

起居室作为家庭生活活动区域之一，具有多方面的功能，它既是全家活动、娱乐、休闲、团聚、就餐等活动场所，又是接待客人、对外联系交往的社交活动空间。因此，起居室便成为住宅的中心空间和对外的一个窗口。起居室应该具有相对较大的面积和适宜的尺度，同时，要求有较为充足的采光和合理的照明。

9.3.2 私密空间

私密空间属于个体所拥有的私人空间，设计的时候需要从个体出发进行分配考虑。

私密空间主要是供人休息、睡眠、梳妆、更衣、淋浴等活动。

私密空间包括卧室、书房、盥洗室等。

卧室是人们休息的主要处所，卧室布置直接影响到人们的生活、工作和学习，所以卧室也是家庭装修的设计重点之一。好的卧室设计是实用与装饰的完美结合。卧室设计应把握以下两点原则：

1. 保证私密性

私密性是卧室最重要的属性，它是供人休息的场所，是家中最温馨与私密的空间。卧室要安静，隔声要好，可采用吸声性好的装饰材料；门上最好采用不透明的材料完全封闭。

2. 使用方便

卧室里一般要放置大量的衣物和被褥，因此装修时一定要考虑储物空间，不仅要大而且要使用方便。床头两侧最好有床头柜，用来放置台灯、闹钟等物品。有的家庭需求较多，还应考虑留出梳妆台与书桌的位置。

书房，又称家庭工作室，是作为阅读、书写以及业余学习、研究、工作的空间。特别是从事文教、科技、艺术工作者必备的活动空间。书房，是人们结束一天工作之后再次回到办公环境的一个场所，因此，它既是办公室的延伸，又是家庭生活的一部分。书房的双重性使其在家庭环境中处于非常重要的地位。

盥洗室也称卫生间，在进行设计时，卫生间应优先考虑干湿分离，面积足够还可分成盥洗和浴厕两部分，这样使用时可互不干扰。一间式的卫生间可以用推拉门或玻璃隔断分成干湿两部分。装饰材料应防水、防潮、易清洗。

【任务实训】

任务 9.3	中小户型家装空间的功能与构成	页码：

引导问题：了解市场上的中小户型家装空间的功能与构成。

任务内容	组员姓名	任务分工	指导老师

续表

任务 9.3	中小户型家装空间的功能与构成	页码：
结合前面所学知识，列举市场上中小户型样板间各功能空间的设计特点，并作相关说明。		
名称	图片	说明介绍

任务 9.4　中小户型家装空间的设计手法

【任务描述】

9.4　中小户型家装空间的设计手法

了解和掌握中小户型家装空间的设计手法是学好住宅室内空间设计的重点，只有对中小户型家装空间的设计手法进行很好的掌握和运用，才能够把握住宅室内空间的设计精髓，并在后面的课程中做出优秀的设计。

图9-1　苏州园林

相关知识：

苏州古典园林宅园合一，可赏，可游，可居。设计师运用借景、对景等设计手法在有限的空间中营造丰富多变的景致，让苏州园林蜚声中外（图 9-1）。

在我们的室内空间，也可以运用各种设计手法让我们的居住空间变得丰富和灵活。

以下介绍六种中小户型家装空间的设计手法。

9.4.1 透景

透景，是指将部分的分割界面，做局部的拆除处理，形成镂空的效果。透景能够让我们的视觉延伸和拓展，从而使空间更为灵动，且充满趣味性（图9–2）。

在家装空间设计中，使用透景手法让门厅不仅具有延伸感，同时让客厅的光线透过隔断进到门厅，从而让门厅变得更加明亮。

透景这一设计手法不仅透景，还透光、透声和空气。

9.4.2 借景

借景（图9–3）是透景的一种延伸，也能够让我们的视觉延伸和拓展，区别在于借景仅在视觉上产生效果，对于声音和空气做了分隔。而一般用于分隔的材质是隔声玻璃。

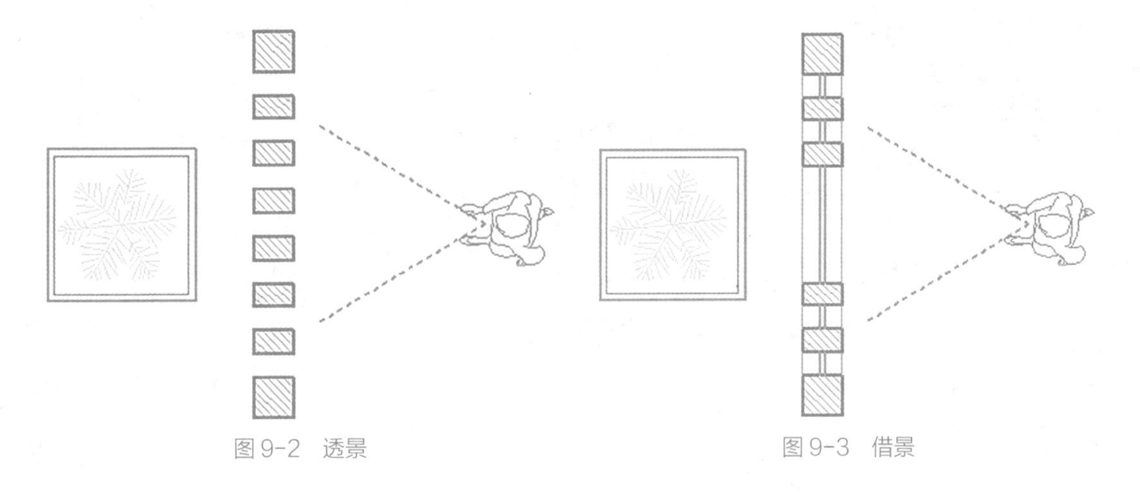

图9-2 透景

图9-3 借景

9.4.3 假借景

假借景（图9–4）可在视觉上可以做到极大的延伸，常用于空间狭小，或需要趣味空间的时候。

当我们想用借景或透景来拓展空间但因场地条件不能实现时，我们就可以运用假借景。假借景可用镜子做媒介来达到视觉延伸的效果。

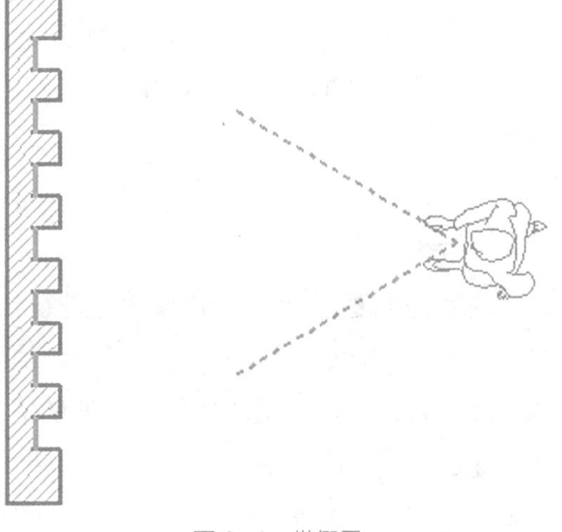

图9-4 借假景

9.4.4 凹入、凸出

凹入、凸出（图 9–5）这一设计手法能够在空间中极大的突显和强调设计中所要突出的重点。

在现实生活中我们知道，一个物体凹入、凸出的部分会非常显眼，从而引起人们的注意，在设计中，当我们想要强调某一物体时可以运用这一原理来设计。

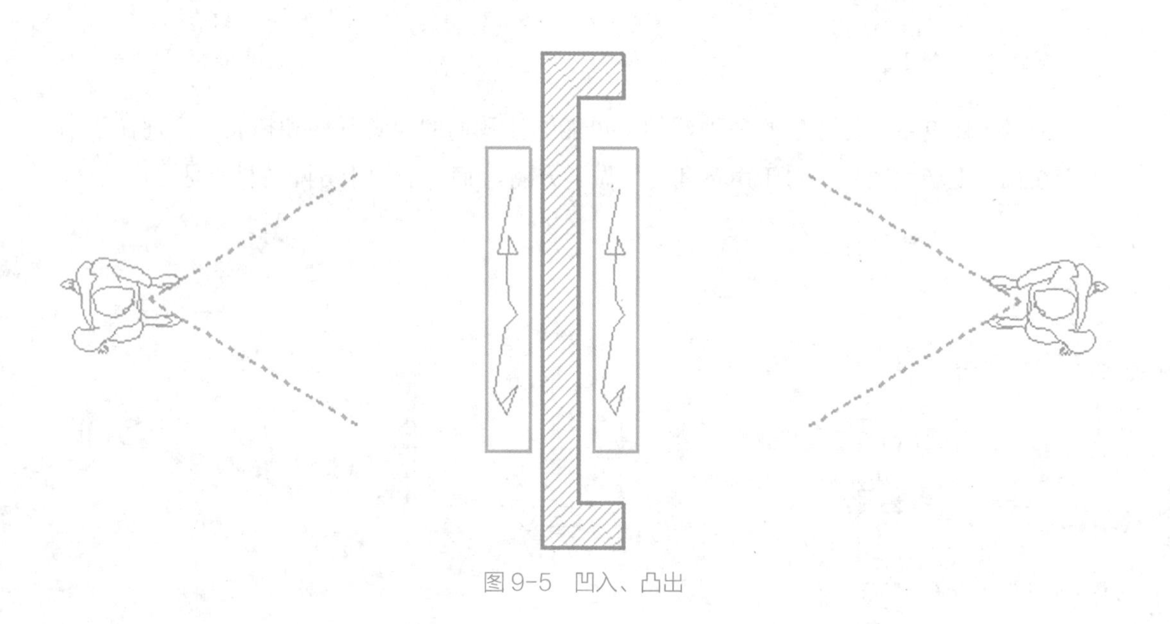

图 9–5 凹入、凸出

9.4.5 错位

错位是使用错位的方式利用空间，让空间能够得到更加合理的利用。

错位手法能够让我们的空间利用得更充分，是设计中非常常见且核心的一个设计手法。

9.4.6 高差

高差是通过对地面或者顶面，进行抬高或降低的处理，从而使得空间产生层次和主次。

运用高差的设计手法使原本单调的空间变得具有节奏感和趣味性，从而给体验者带来变化的乐趣。

【任务实训】

任务 9.4	中小户型家装空间的设计手法	页码：

引导问题：了解市场上中小户型家装空间的设计手法。

任务内容	组员姓名	任务分工	指导老师

结合前面所学知识，列举市场上中小户型家装空间的设计手法，并作相关说明和分析。

手法名称	图片	说明分析

2 实践篇

在这部分，通过真实的设计案例，体验和解析从创意到完成的完整设计过程。专注于将前面学到的知识与技能应用于实际情境中，通过案例分析帮助学生更加深入地理解和掌握室内设计的实际操作。

（一）小户型居住空间设计

1. 空间优化：如何在有限的空间内创造出舒适、功能齐全的生活环境。

2. 储物解决方案：介绍针对小户型的高效储物设计技巧。

3. 视觉扩展：通过色彩、材质、灯光等设计手法，使小空间显得更加开阔和明亮。

4. 案例分析：具体分析几个成功的小户型室内设计案例，展示其设计策略和实施过程。

（二）中户型居住空间设计

1. 功能分区：讲解中户型居住空间，如何有效地进行功能划分，实现生活的各种需求。

2. 流动性与连续性：确保各功能区之间的顺畅连接，增强空间的整体感和连续性。

3. 个性化设计：如何在满足基本功能需求的同时，为居住者创造具有个性和特色的生活空间。

4. 案例分析：深入探讨中户型室内设计的成功案例，呈现其设计思路和实施效果。

“实践篇”不仅提供了丰富的实际案例，还针对每个案例进行深入的分析和解读，帮助学生理解其背后的设计思路、策略和实施技巧。通过这种真实的、案例驱动的学习方法，学生可以更加有效地将理论知识转化为实际操作能力，提高室内设计水平。

项目10

小户型居住空间设计

知识目标：1. 了解小户型居室空间设计案例；
2. 了解小户型居室空间设计的总目标、总思路以及具体方法。

技能目标：1. 能够理解并分析小户型居室空间的设计需求；
2. 能够运用设计原理和方法，制定小户型居室的设计方案；
3. 能够进行平面布置优化调整和室内布置与收纳方案的比较。

素质目标：1. 培养创新思维和想象力，能够在有限空间中提出独特和实用的设计方案；
2. 培养细致观察和分析问题的能力，注重细节并有系统思维；
3. 培养解决问题和沟通合作的能力，在设计过程中能够与他人合作和交流意见。

【思维导图】

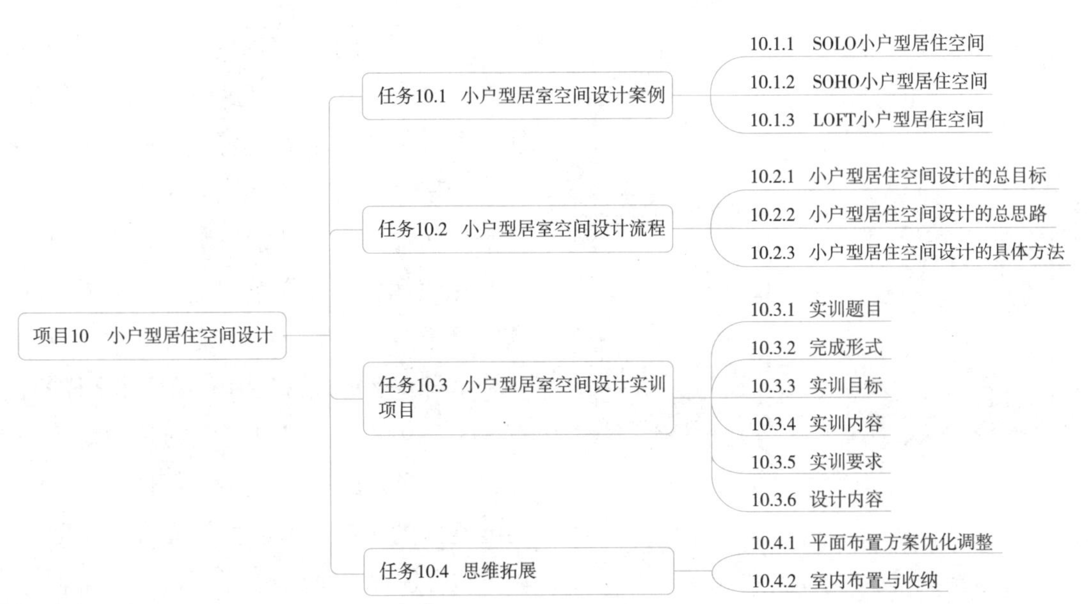

任务 10.1 小户型居室空间设计案例

【任务描述】

理解和认识小户型居室空间设计案例。

相关知识：

小户型住宅目前没有严格意义上的界定。地域不同，面积标准也不同，本节讲述的小户型住宅室内使用面积在 $50m^2$ 以内。是能够基本满足人正常生理需求活动的空间。目前小户型居住空间类型也越来越细化，可分为 SOLO 小户型居住空间、SOHO 小户型居住空间、LOFT 小户型居住空间等。

小户型居住空间具有布局紧凑、居住人数较少、户型单一、功能结构简单等特点。如何让小户型居住空间功能齐全、环境舒适、生活便捷，又能体现住户独特精神追求，本节将通过典型案例进行讲解。

10.1.1 SOLO 小户型居住空间

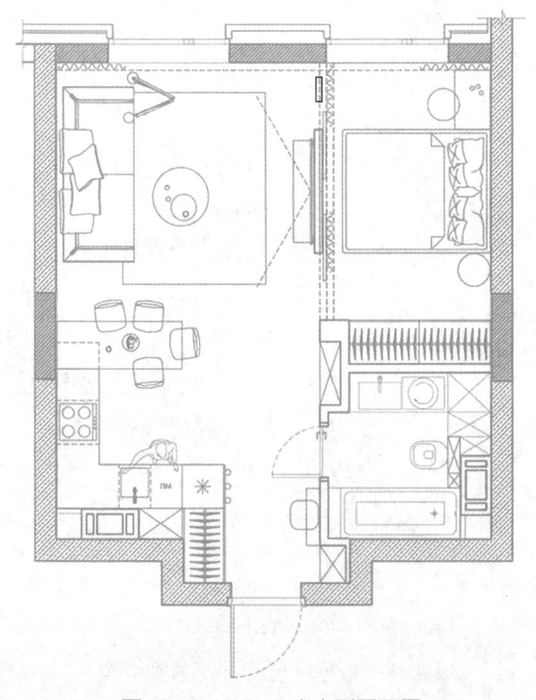

图 10-1 SOLO 小户型平面图

【设计理念】可灵活更换的活动空间。

【目标人群】单身女性。

【户型面积】$40m^2$。

【设计难点】在有限的空间中，保证一个人的日常活动得到满足，并且具有舒适性，根据人的生活模式整合空间。

【问题引入】在有限的空间中，要满足一个人居住的所有功能，十分困难，要想最大化地优化设计方案。需要思考以下问题：这个户型（图 10-1）有什么优缺点？一个单身女性的日常生活模式是什么样的，有什么行为模式？各功能空间是封闭还是开放或者半开放？根据私密与开放的需要，功能空间的位置、顺序如何安排？哪种色调更适合这种空间？

1. 空间设计效果

从入户开始看起，右侧是卫生间，左侧是微型开放式厨房，针对单身住户来说，由于工作及生活习惯。厨房的使用率并不那么高。因此厨房的功能可以弱化。对于小户型居住空间来说，“寸土寸金”，因此应尽可能地利用空间，除保证功能使用之外。尽量寻找收纳空间，将卫生间的镜子设计成镜柜一体，如图10–2所示。

图10–2 镜柜一体设计

整体采用简洁的直线条，隐藏的收纳柜使得空间整洁、实用。

卧室和客厅平时处于开放状态，多层推拉门隐藏在柜子中间。关闭推拉门后，可得到安静、独立的休息空间。体现出了空间功能的灵活可变换性，如图10–3所示。

该设计中最特别之处是卧室和客厅的设计：客厅的沙发背景墙处设置了隐形床。根据业主的喜好，客厅和卧室也可以互换位置。有朋友来，可以将床收起。将沙发移到最里面的休息区，可以有更宽敞的空间以便朋友玩乐。夜晚，沙发移动一下，就多出一个小卧室，如图10–4所示。

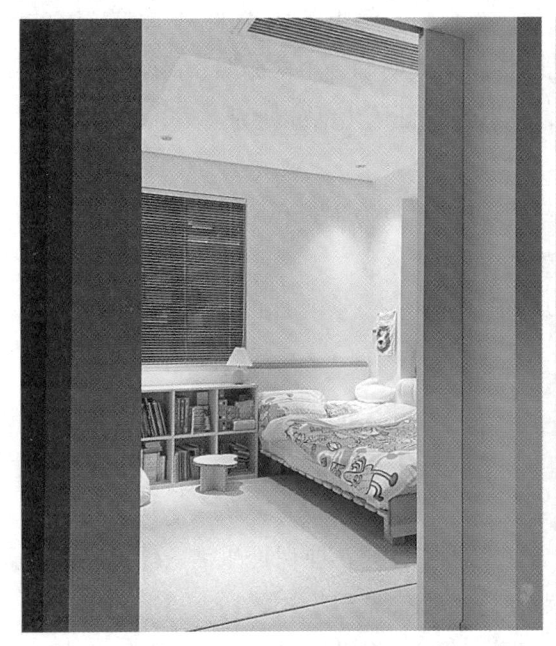

图10–3 推拉门设计

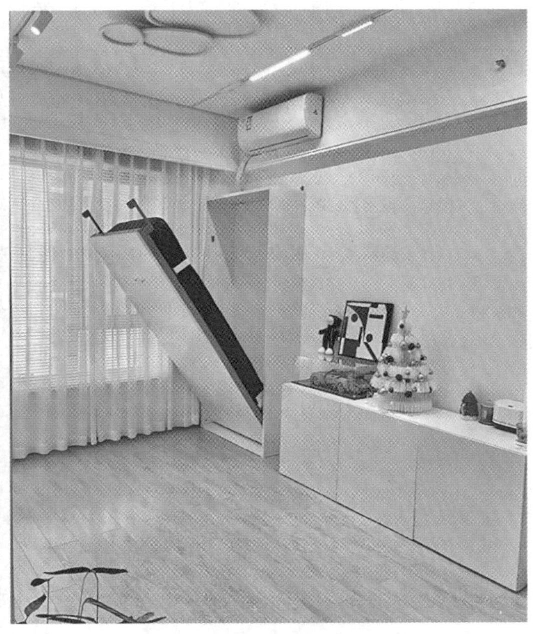

图10–4 隐形床设计

这种灵活的设计非常适合单身年轻人，自己生活的模式和朋友小聚的娱乐模式可以灵活切换。

细节的设计：客厅的边上做了展示柜加储物柜。推拉门边上的镜子与收纳柜一体。整套设计色彩以浅暖色为主。沙发靠壁、落地灯罩、小装饰画等软装饰品多用亮黄色，使空间活泼，明亮。

2. 整体设计思路

（1）空间开放性分析

这套方案的设计思路是"灵活多变"。首先从封闭与开放的角度分析，设计师将卫生间按原结构处理成封闭空间，其余空间总体按照开放空间处理，但从卧室的私密性考虑，对卧室做了灵活处理，设计了磨砂玻璃拉门，平时处于收起状态，休息时可以关闭，以营造更加私密、更适合休息的封闭空间；将传统的封闭厨房处理成开放式厨房，采用开放式手法处理该空间的目的无外乎是保证 40m^2 的小户型空间的流畅性、通透性。

（2）空间私密性分析

从私密性与非私密性的角度，设计师将室内空间按照非私密性到私密性的顺序由外而内安排空间，从入户门的厨房、客餐厅、卧室工作区依次向内布置，将静态的、私密的区域安排在长方形空间的最里面，区块划分明显。

（3）空间布局与流线分析

空间布局规整，遵循"划零为整"的原则，入户门左侧柜子整齐划一，对着门的空间形成完整的走道区域，整个空间不显凌乱。空间动线明确、主次分明、简洁有序，没有浪费的路线。这使得整个空间实用、高效，同时又保证了生活的便利。

（4）空间材料与色彩分析

材料的运用遵循"少就是多"的原则，色彩以浅暖色为主，利用其延展空间的色彩感。白色与暖木色的错落出现，更显空间的整洁。

10.1.2 SOHO 小户型居住空间

【设计理念】时尚居家办公空间。

【目标人群】居家办公的年轻人。

【户型面积】48m^2。

【设计难点】室内面积相对较小，要在居住空间中办公，要保证生活、休息不受干扰，保证生活的舒适性与品质。需要考虑开辟办公区域，需要哪些条件。

【问题引入】在 SOHO 小户型居住空间中（图 10–5），将居住和工作功能整合在一起，需要注意哪些问题？如何布置？如何保证工作不干扰生活休息？动线设计和空间划分应注意什么问题？居家办公相对于普通住宅来说，有哪些不同的要求？有哪些需要考虑的因素？

图10-5　SOHO小户型平面图

1. 空间设计效果

入户门左侧是明亮的卫生间，右侧是开放式厨房，虽然布局紧凑，但其尺寸都在人使用、活动的最低要求以上，保证了使用的舒适性。两个空间颜色都以白色为主，配以小面积黑色、绿色、蓝色点缀，使得空间更加明亮。

整个内部空间是开放式的，保证了空间的流畅性、通透性以及宽敞感。设计师将沙发设计成可以互相变换的，即客厅与休息区并用，休息时将沙发展开就是床。

沙发对面的区域，桌面、两侧与顶部连成一条线，设计独特，并具有限定空间的作用。材料选用暖木色，小面积蓝色、绿色、亮黄色点缀，这些色彩在空间中彼此呼应，增添了空间的整体感，地毯的几何图案也使空间更具时尚感、现代感。

2. 整体设计思路

（1）空间开放性分析

这类型空间同样采用了开放式处理方式。除去卫生间，其余空间均为开放式，但分区明确；厨房空间弱化，工作区增大，可供至少4人同时工作，满足SOHO人群居家办公的需要。采用开放式手法处理该空间的目的也是保证48m^2的小户型空间的流畅性、通透性、舒适性。

（2）空间布局与动线分析

为了令空间利用最大化，床与沙发设计为能转换的，两种功能用一个区域满足。如果按照由开放到私密的顺序，床的位置似乎应该在最里端，这里将工作区放置在最里端是为了让工作区域与生活、休息区互不干扰，设计动线简短、明确。

（3）色彩分析

色彩方面以白色和浅暖木色为主，点缀靓丽的黄、蓝、绿等颜色，增加了空间的活跃感。

10.1.3 LOFT 小户型居住空间

【设计理念】以实用为主的空间。

【目标人群】新婚夫妇。

【户型面积】$50m^2$。

【设计难点】面积小、层高复杂是这类房子的最大缺点。设计时需考虑，如何能满足新婚夫妻以及未来的孩子的居住。

【问题引入】在这个案例中有几个要突出解决的问题：$50m^2$ 对于新婚夫妇而言，居住面积的确是小，因此最大化挖掘空间成为首要问题；其次是房子的屋顶带斜坡，斜顶两边高约 3.3m，但中间的高度却有 4.6m，这样层高不一样，如何更好地利用？

1. 空间设计效果

对于 $50m^2$ 的婚房，夫妻二人期待尽可能让房子更实用一些。

首先是家中的门厅与厨房，门厅处的壁柜与厨房的收纳为一个整体，正面满足门厅的收纳需求，反面满足厨房的储物需求，如图 10–6 所示。

靠墙的一面是灶台区，面向窗户的则是通风区，而与客厅相连接的部分，则设置了张长条餐桌。

图 10–6　壁柜与厨房整体设计

原木小沙发与圆形小茶几，构成了一个小小的生活场景，可嵌入式的电视机后的木饰面背景板，还有一个更大的作用，就是作为投影仪的投影屏幕。

卧室区域也是一个半开放式的设计，没有门，从过道就可直接进入。定制款的可移动壁柜更方便平时拿取衣物。在电视柜的另一边，还特意留了空间，设计了一块办公的区域。

楼梯下的卫生间简约，但是功能齐全。独特的动线规划将台盆与洗浴间平衡，另一侧的马桶区，则单独放置，台盆上的镜面后方其实是一个宽敞的储物区域。

隔层重新搭建出一个大的生活空间，让小空间能够发挥出更大的效用。阁楼上的面积虽不到一楼的一半，但还是配置了独立卫生间。

从楼梯上来后，过道的两边全都增加了木质的收纳柜，并呈L形陈列，而最内侧，就是家中的次卧空间了，这是一个简约的榻榻米，既可储物，也是一个隐形的床。或许在不久的将来，这块区域就是小宝宝的房间，如图10–7所示。

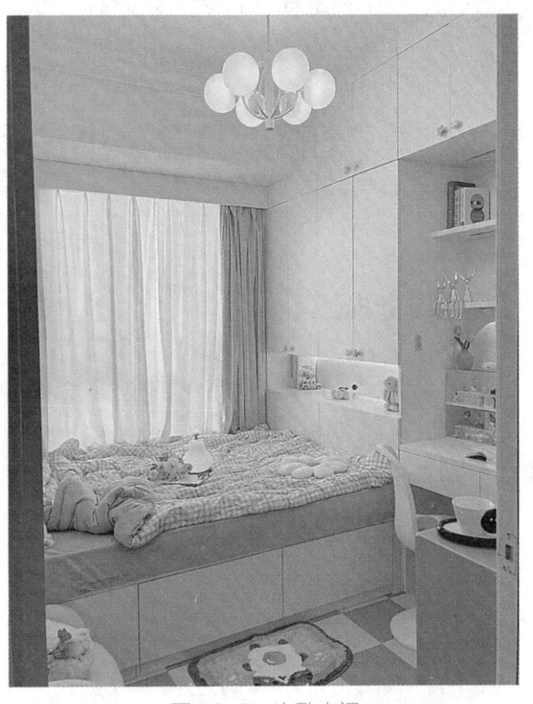

图10–7 次卧空间

2. 案例整体分析

解决面积问题，设计师想到了搭建一个LOFT式的空间，立体式挖掘空间，将客厅挑空再利用错层的关系将一二层楼连接起来，这样室内空间增加了不少。

针对面积不大的局限，除了开发二层空间，在一层布局方面，也采取了开放式，缩减了就餐区空间，如图10–8所示。同时将休息与工作区合并在了一个空间中。

图10–8 二层空间开发

（1）动线设计。一楼主要为厨房、客厅、卫生间、主卧。二楼更多考虑的是书房与次卧的设计，使得被挑空的客厅顶部多出一块活动区域。动线设计合理，整体上动静分开，卫生间内部干湿分区，上下层交通衔接得当。

（2）这套设计中还注意了“生长式”居住空间的设计，满足了用户动态的生活需要。

（3）充分的收纳空间。小户型要充分开辟切割可利用的空间作为收纳空间，收纳设计得充分、合理、方便，整个空间才不会乱，使用起来更方便、舒适。这个方案中门厅处柜子、橱柜最上面、长条形桌面右下方以及二层空间都设计了很多收纳空间。

任务 10.2　小户型居室空间设计流程

【任务描述】

了解并掌握小户型居室空间设计流程。

相关知识：

住房是人类生存最基本的需求之一，但是房价急速上涨，中大户型对于普通阶层、刚毕业的年轻人来说成为奢侈品，因此高效、简约、舒适的小户型住宅渐渐受到人们的喜爱，逐渐成为一种时尚的新型城市居住形态，成为一种新的居住文化的物化形式。

随着人民生活水平的进一步改善，对室内环境的要求也在不断提高，在追求空间利用、舒适度等方面要求更多。小户型面积狭小，必须在有限的空间内满足人的各种使用功能的需求以及人的心理上和精神上的需求，具有舒适性、实用性、艺术性。

10.2.1　小户型居住空间设计的总目标

小户型居住空间追求的目标是功能全、够舒适、够灵活、精致时尚，不能因为小而牺牲了舒适度和一些基本的功能需求，因此在小户型居住空间使用功能设计中，不能简单化、表面化，要进行整体的规划与设计，合理地确定各部分作用，从而形成丰富的空间层次感。再小的空间也要满足居住者的休息、会客、娱乐、就餐、卫浴、工作等全部基本的生活需求；而且要够舒适，能满足居住者的精神需求。小空间要想满足各种个性化的空间需求，需要灵活的设计，如可用折叠、推拉、隐藏等方式，随时切换空间的使用模式。在进行小户型室内空间设计时，要将以人为本、空间高效利用作为原则，同时考虑不同群体的特殊要求，将影响室内环境的因素综合考虑，将人对环境的需求与设计规律相结合。

10.2.2 小户型居住空间设计的总思路

1. 细分业主生活模式

不管有什么好的方法、不管有什么好的材料，设计都是建立在服务于人的基础上的，应以人为本以业主的生活模式、行为模式、个人喜好为设计基础，每个设计都是独特的。

2. 立体化空间思考

小户型居住空间的横向面积已经有所限定，因此应从垂直方向上寻找可利用的空间，如尽量在垂直方向上设置尽可能多的收纳空间。可将床位置上移，上移高度不同，设计结果不同，上移 800mm 左右，床下有更多的收纳空间，上移 2000mm 以上，床下可以是客厅区域、学习区域、餐厅区域等。除了垂直方向上的设计外，水平方向上更每一部分空间都应合理划分、切割，充分利用。立体化划分、利用空间，可以开发更多的可能性。

3. 可变空间设计

小户型居住空间设计中非常重要的一点是要具有可变性。可变设计可以实现空间舒适性，满足使用者需要和空间可塑性，以适应家庭成员变化。空间不再是固定的功能空间，而是既可以休息又可以会客的多功能空间。可变空间设计不仅是一种设计方法，也是一种设计思维。

10.2.3 小户型居住空间设计的具体方法

1. 立体化设计

（1）将整个空间进行立体划分、切割，在水平与垂直方向上挖掘空间。小户型居住空间设计必须进行空间重组，这种方法其实是非常有趣的。设计时可以多设想一种划分方案进行比较，以游戏的心态，能让思维放开、创新，这种方法可以开发出更多的空间布局。例如，纽约 45m^2 创意小空间的设计就有划分盒子的意味，空间整合到立体“盒子”中，进行水平、垂直的划分，并用“盒子”进行区分空间，“盒子”本身可以储物，又有分隔空间的作用。床的位置抬高，下面的空间成为储藏空间，这样的设计思路使得 45m^2 的空间满足了人生活的各方面需求，居住起来舒适、方便。

（2）化零为整。减少零碎空间的出现，将空间规划到整体的“盒子”中，如利用电视背景墙制作完整的一面储物柜，柜子尽量左右、上下连续起来，形成整体感，充分利用空间。

（3）空间重叠。空间重叠是一种有效提高空间利用率的方法，赋予空间可变化性。

（4）简化动线。尽量简化动线，主动线的设计能满足住户所有生活功能需求，如图 10-9 所示。

图10-9　简化动线

（5）开放式布局。小户型居住空间多采用开放式、半开放式布局，如客厅、厨房、餐区以及卧室放在一个大空间里，少用固定隔断或隔墙，空间显得宽敞、通透，减少了拥堵感。

2. 家具的选择

小户型居住空间家具在尺寸上有所限制。家具的选择与设计应实现“家具空间化”“家具整体化”，对空间充分利用，形成一个有机整体。小户型居住空间家具的设计与选择具有特定的原则。

（1）家具定制化原则。根据墙体定制直线型或拐角型整体柜子，根据空间尺寸定制家具，充分发挥家具空间化、立体化功能，充分利用空间。

（2）家具多功能原则。如室内沙发，通过整体化的设计，展开后即形成一张床。这种富于变化的家具对小空间来说比较实用，可以根据空间功能需要变动，非常节省空间。

（3）家具灵活性原则。如隐藏餐桌、隐藏楼梯、隐藏床，通过滑轮和铰链的形式，实现对家具的隐藏。家具的功能不再单一，有效节省空间。

（4）小户型居住空间家具的选择遵循小巧、轻质、多功能以及风格简约、统一的原则。在造型上体量小、轻巧、通透的家具占地面积小，具有扩展空间、延伸视觉的效果。另外选择家具时应注意风格要统一，线条简约质朴，室内家具造型以直线为主，可使空间更加开阔。

3. 灵活的分隔形式

不采用固定的隔墙，采用可移动、旋转、推拉、隐藏等方式，如折叠门、软帘、玻璃、收纳柜体等做分隔，或者采用软帘、绿植等进行空间分隔。例如，某 $30m^2$ 小户型居住空间按照预设的客厅、厨房、卫浴、卧室等区域进行设计会困难重重，因此采用开放式设计形式将电视主墙移动到家的中心，使其扮演灵活的隔断角色，可以根据需求推移墙面，让空间展现最大的自由度与使用弹性，不管怎么移动，都能保证充足光源。

4. 色彩选择

色调要统一，统一的色调可使空间形成整体感。颜色要以浅色为主，利用色彩的视觉延伸作用，拉伸空间。如浅冷色调具有视觉后退效果，避免产生拥挤感。而乳白、浅米、浅绿等浅色调都具有提亮空间、增强视觉效果的作用。局部再使用深色或亮彩色饰品点缀，活跃空间色彩。

5. “少”的原则

“少”体现在，小户型居住空间内色彩宜少不宜多，尽量保持统一；小户型居住空间内材料的使用宜少不宜多；小户型居住空间内装饰物宜少不宜多，如墙面适当运用留白反而显得空间宽敞；小户型居住空间内复杂的造型宜少不宜多，干净利落的直线造型更适合小空间。

6. 五金件的重要性

要实现小户型居住空间的灵活移动、折叠、推拉、旋转、升降等，离不开五金件的支持，如各种类型的滚轮、止滑定向滑轮、蝴蝶铰链、暗铰链、抽屉式拉轨等五金件。

7. 新技术的应用

以中国建筑师张海翱等设计发明的家用级别升降楼板为例，主要通过旋转螺杆带动螺母上下升降楼板，断电后楼板自动锁定，保证安全、安静、平稳。有了这样的技术可以轻松实现功能空间的上下移动、切换，保证了业主对不同生活模式的需求。

8. 灯光照明的应用

合理运用灯光可以在视觉上改善、美化空间。由于小户型居住空间实际使用面积比较狭小，所以使用整体灯光为佳，太多光源会让狭小的空间产生凌乱感，显得更狭窄。小户型居住空间通常采用开放式设计，卧室、客厅、厨房都在一个空间中，可以合理运用局部照明，增加居室的起伏性。运用色彩心理学原理，客厅等活动空间可以采用冷白光的LED灯，这些彩色有扩散性和后退性，能延伸空间，让空间看起来更大，使居室给人以清新开朗、明亮宽敞的感受。卧室主要营造出舒适感，满足基本照明即可，可选用暖色调的床头灯及壁灯，营造温馨的空间氛围。

小户型居住空间在灯具上要尽量选择造型简约精巧的，少选用大型装饰型吊灯，使空间显得拥挤。

9. 巧用材料

小户型居住空间设计中应合理利用镜面和玻璃材料，这类材料具有扩展空间视觉以及保证空间通透的作用。镜子的反射、反光的特点具有放大空间的视觉效果，在门厅等处使用镜子能让空间显得更加宽敞明亮。玻璃材质具有轻盈、通透的特点，具有减少空间拥挤感和沉闷感的作用，且玻璃隔断能够保证室内光线充足。

小户型居住空间设计中应充分利用材料本身固有的纹样、图案及色彩，体现材料自身的质感。在材料规格方面，选择较小规格的瓷砖，也会使空间显得更加宽敞、大方。

10. 收纳的智慧

收纳空间在小户型居住空间设计中是非常重要的一部分，要保证大空间的完整性，不能因其划分使空间变得零碎，同时也要保证人的活动范围，不能影响人的正常生活秩序。收纳空间设计要巧妙，同时还要使用方便，设计时需要具有空间利用的智慧，可利用新材料、新工艺等实现收纳空间。

任务 10.3　小户型居室空间设计实训项目

【任务描述】

本实训项目为单身公寓设计，要求 2~4 人小组合作完成。实训目标包括掌握小户型空间布局设计思路与方法、掌握扩大空间和利用空间的方法与技巧、掌握小户型空间色彩运用原则、掌握小户型空间收纳的方法。

10.3.1　实训题目

单身公寓设计。

10.3.2　完成形式

以 2~4 人为小组共同完成，团队合作。

10.3.3　实训目标

1. 掌握小户型空间布局设计的思路与方法。
2. 掌握扩大空间、利用空间的方法与技巧。
3. 掌握小户型空间色彩的运用原则。
4. 掌握小户型空间收纳的方法。

10.3.4　实训内容

如图 10–10 所示，在小户型结构里完成单身公寓的设计。空间需要分隔为两层，能满足功能需求。

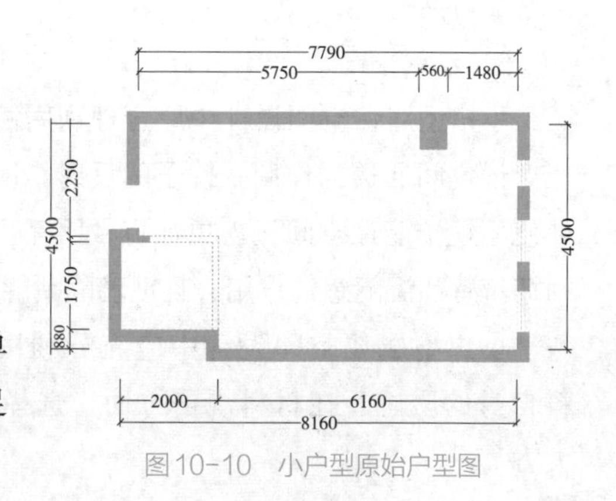

图 10–10　小户型原始户型图

10.3.5 实训要求

1. 根据提供的公寓平面图进行设计。
2. 要明确主题，并贯穿整个空间。
3. 平面规划合理，动线合理。
4. 收纳空间设计充分、使用方便。

10.3.6 设计内容

1. 绘制多个平面布局方案草图，优选对比。
2. 绘制思维导图、元素提炼草图、空间草图。
3. 绘制分析图（功能分析图、动线分析图、色彩分析图、材料分析图）。
4. 设计说明 1 份。
5. 设计方案图纸（平面图、顶棚吊顶设计图、立面图、局部详图）。
6. 空间效果图。
7. 空间预算 1 份。
8. A1 展板 1 张。
9. 设计小结，总结设计过程中的收获与不足。

任务 10.4 思维拓展

【任务描述】

掌握小户型空间布局设计思路与方法。任务内容包括观察和分析已有设计中存在的问题和优点以及设计风格和材料运用的特点。另外，比较室内动线布置的重要性和茶几选购对空间的影响，进行动线设计和茶几收纳效果的对比分析。最后，进行门厅储物柜的规划设计。

相关知识：

10.4.1 平面布置方案优化调整

1. 发现问题

一套 $35m^2$ 的公寓，内部包含厨房、就餐区、客厅区、休息区、卫生间及浴室等空间，此外收纳空间很多，平面布置如图 10-11 所示。根据个人的经验和已有知识，仔细观察并分析这套设计中存在的纰漏和疏忽。结合空间效果图，仔细观察、分析本套设计的风格特点，并思考其优点有哪些？采用了哪些小户型居住空间设计的方法？存在的缺点有哪些？如果修改方案，应采取何种方法？

图 10-11 平面布置

2. 设计方案情况

入户卫生间和厨房，厨房柜面用了橙色，台面用了白色，搭配灯光，看起来非常明亮，没有压抑的感觉。厨房采用开放式设计。

再往里就是客厅空间了，客厅与厨房用木栅栏分隔开，卧室隐藏在窗帘的后方。卧室和客厅通过推拉门来分隔，卧室一角还做了个小书房。

3. 提出设计观念

（1）结合平面图，说说这套设计的风格和材料运用的特点。

（2）设计中的疏忽之处或不合理之处是什么？

（3）该空间使用了哪些小户型居住空间设计的方法？

（4）针对设计中的缺点和不足，画出自己的修改草图。

10.4.2 室内布置与收纳

1. 思考的问题

（1）室内动线布局有多重要？合理的动线设计能带来哪些好处？动线合不合理直接影响日常生活的便利与否。

（2）你去家具卖场选茶几，会选什么风格、什么款式的茶几呢？请先去卖场找下你喜欢的几款茶几，对不同茶几进行分析。

2. 动线设计对比效果图

同一个空间，不同的动线设计，使得人移动的距离发生了巨大的变化，生活的效率成倍提高，提高了生活的便利。因此，应重视动线设计，可对同一套动线设计多做不同的方案练习，分析比较，即可初步获得一些动线设计的经验。

3. 茶几收纳

生活空间就是由各种细碎的物品组成的，能够将这些物品系统、方便地收纳起来，整个空间将会显示出完全不同的风貌，人的心理状态也会不同。设计就是帮助人生活得更好，因此动线设计要科学，收纳空间设计要合理。

对于收纳的物品分析。物品有大有小，茶几周边的生活物品有哪些？体量大小如何？一个很深的盒子或者抽屉空间，容易让物品叠压，不方便拿取。因此将空间切割成浅的小抽屉，便于拿取物品，如图 10-12 所示。

图 10-12　茶几收纳空间

4. 门厅储物柜

对人从外面回到家中看到的第一个空间门厅处的一切物品进行列表，并将物品分类。分析分类物品，设计一套门厅布局与门厅储物柜。

项目 11

中户型居住空间设计

知识目标：1. 了解中户型居住空间设计案例；
2. 了解中户型居室空间设计的总目标、总思路以及具体方法。

技能目标：1. 中户型居室空间设计的基本要求。能够理解并分析中户型居室空间的设计需求；
2. 了解色彩的选择与搭配对于空间设计的影响，制定中户型居室的设计方案；

素质目标：1. 培养创新思维和想象力，能够在有限空间中提出独特和实用的设计方案；
2. 充分考虑孩子的游戏空间及成长需要，创造出灵活性强的空间划分及设计；
3. 培养解决问题和沟通合作的能力，在设计过程中能够与他人合作和交流意见。

【思维导图】

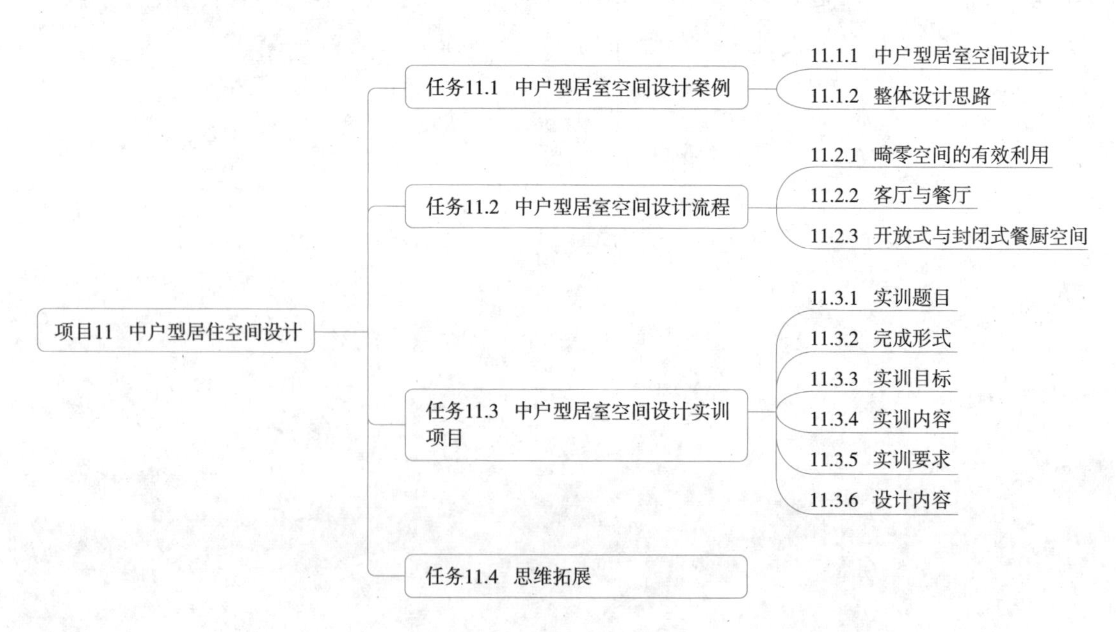

任务 11.1　中户型居室空间设计案例

【任务描述】

本任务是一项住宅装饰项目，旨在为一处 120m^2 的中户型平层住宅打造一个以孩子生活需求为主的居室空间。厨房与客厅空间合二为一，装修为北欧风格。设计难点在于准确掌握和应用北欧风格的元素以及灵活性地划分和设计空间，同时满足幼儿生活需求和不断成长的需要。

相关知识：

中户型居住空间在普通住宅中是最常见的户型，虽然没有明确定义它的具体界限范围，但人们基本上把能够被完整划分成两居室、三居室甚至四居室的空间称为中户型居住空间。它们往往规格适中、功能空间齐备、格局简单规整，在这样的前提下，设计师要根据业主的要求及客观条件，运用物质材料、工艺技术、艺术手段，创造出功能合理、舒适美观、符合人体工程学和满足人的心理需求的内部空间，并打造出令人愉悦、使用便利、符合理想的居住环境。

11.1.1　中户型居室空间设计

【设计理念】打造一个以孩子生活需求为主的居室空间。

【项目性质】住宅装饰。

【户型面积】120m^2

【户型形式】平层、3 房 2 厅 2 卫。

【业主需求】以满足幼儿生活机能为出发点，厨房与客厅空间合二为一，北欧风格。

【设计难点】北欧风格的准确掌握，元素应用；大片落地窗的设计亮点；营造孩子的游戏空间，满足孩子不断成长的需要；打造收纳空间，满足孩子、大人的需求。

【问题引入】如何从业主的需求出发，满足幼儿生活需求？如何将空间进行灵活性划分与设计，以满足孩子不断成长的需要？北欧风格是一种简约的欧式风格，干净、清爽，如何准确地营造风格？

1. 客厅设计

映入眼帘的是一整面弧形电视墙，材料使用木质，造型轻盈如纸。午后阳光由阳台洒入，光线照映出墙面的柔和，突显了弧线墙面舒适的质感。住宅拥有良好的层高，设

图11-1　顶棚设计

图11-2　卧室和客厅

计团队巧妙地运用此优势，将冷气机隐藏于天花板上方。吊顶选用桦木作为横梁装饰，创造出仿欧式小木屋风格，此外于横梁内藏纳 LED 间接照明，让光反射至天花板，显得空间更为轻盈。如图 11–1 所示。

整体采用简洁的直线条，收纳柜使得空间整洁、实用。

卧室和客厅平时处于开放状态，多层推拉门隐藏在柜子中间。关闭推拉门后，可得到安静、独立的休息空间。体现出了空间功能的灵活可变换性。如图 11–2 所示。

细节的设计：客厅的边上做了展示柜加储物柜。整套设计色彩以浅暖色为主。沙发靠壁、落地灯罩、小装饰画等软装饰品多用亮黄色，使空间活泼，明亮。如图 11–3 所示。

2. 厨房设计

设计团队将部分墙面拆除，屋主在餐厅备餐时，可以看到开放的客厅与游戏空间，以确保孩子安全。厨房以功能性完整的中岛台为设计重点，使用灰蓝色立板结合异材质六角砖，与灰蓝色调墙与地面相呼应，形成素雅的北欧风格。中岛桌上方悬挂的黑色工业垂吊灯、酒杯柜以色调反差，给予视觉上极简又带有浓烈对比的立体效果，符合屋主

图11-3　客厅

所期待的现代内敛北欧风。

3. 卧室设计

卧室延续整体的北欧风格设计，主卧室也坐拥以桦木框出的窗边景致。卧房以简单机能为主，在有限的空间内仅摆放必要的家具，利落线条设计的整面橱柜，透过白色与木头色系搭配，呈现耐看简朴调性。良好的采光及动线留白规划，增加了视觉效果，使空间瞬间被“放大”。

4. 门厅设计

在开放式住宅内，利用造型格栅鞋柜巧妙隔出了业主所向往的穿透性强的门厅，一踏入屋内便能感受到空间的辽阔，如图 11-4 所示。

图11-4 门厅

5. 浴室设计

纯白色的条形砖贴于浴室营造了简约活泼的氛围。沿用公共空间的浅色桦木做浴柜门，除了有实用的收纳功能之外，温润的材质与冷调的瓷砖结合，不但平衡了整体色系，更为冰冷的浴室注入了温润质感。墙面上挂有大片圆形镜面，背后藏有 LED 灯，巧妙地借由两侧反射材质，形成有趣的日全食影像，使业主享有舒适沉淀身心的沐浴时光，如图 11-5 所示。

图11-5 浴室

11.1.2 整体设计思路

1. 采光的分析

从门厅到餐厅是一小段狭长的走廊，由于入户门的方向没有可以用来采光的窗户，设计师从整体风格色调、装饰元素等考虑，用光洁的浅色瓷砖来铺装地面，大大提高了室内的光线，与原本浅色的室内陈设匹配，更加相得益彰。

2. 设计风格和软装配饰

软装饰方面，无论从品类还是从数量，都要讲究适度原则，既不能为了装饰效果而摆放过多的陈设品，又不能忽视生活的情调。该案例中从色调、陈设品等软装饰方面，都在强调浪漫的氛围，整体造型、色彩等装饰融入得恰如其分，丰富而不烦冗，细腻而不造作。

3. 收纳规划

主要收纳区域为儿童游戏室（图 11-6），一贯以桦木打造大面积收纳墙，存放书籍、玩具、孩子手工作品等。另外，客厅墙面后方设有储藏室，满足放置大型推车的需求。连贯的材质运用，让空间有着一气呵成的效果，在视觉及实际层面都将活动范围扩大。

图11-6 儿童游戏室

4. 建材挑选

壁面以低明度色调呈现简约北欧风格，顶棚、梁柱、窗框、墙面层板柜等区块选用色泽淡雅的桦木作为铺陈，随着充沛的自然光随窗入室，衬托出空间里原木建材的自然质感。客厅与厨房地面分别选用拼贴木地板及六角砖作为区块分割，利用异材质视觉效果为开放式的空间增加空间感。

5. 家具选择

简约北欧风格明显，低明度、柔和色调的家具，如米灰色沙发、挂画、大理石纹金属边圆桌，以合适的比例、简洁的手法布置，营造出了闲逸慵懒的午后氛围。

任务 11.2　中户型居室空间设计流程

【任务描述】

了解并掌握中户型居室空间设计流程。

相关知识：

11.2.1　畸零空间的有效利用

布局中一般最容易利用的是方方正正的空间，但是总会遇到各种不规整的空间，比如 L 形空间、多边形空间、弧形空间，或者零零散散的角落等，这就是所谓的畸零空间，对其进行设计利用，总结以下方法供参考。

1. 改变墙体、门窗等的位置和方向，减少一些 L 形、多边形等难以利用的空间，比如 L 形卧室，无论是使用上还是视觉上总是显得不那么称心如意，这时要视房间的面积大小以及隔壁空间的居住情况，可以选择延长或者缩短卧室的墙面，使房间变得规整。

2. 在设计中遇到难以有效利用的空间时，尽量用直角和直线找齐，这种找齐的方式可以是打造柜类等储物空间，比如凸出来的柱垛墙壁以及顶层逐渐倾斜向下的屋顶导致的低矮墙面等，都给人带来不良的视觉体验，造成了使用中的不适感，利用造型柜找平墙面，方便了家具的摆放，既不浪费畸零空间，又可以从外观上使空间趋于规整。

3. 如果碰到建筑外观整体为斜度较大的不规整墙面，可以采取改变内部隔断墙的角度，在室内环境中加以修正墙体和墙体之间的角度，让大多数房间的墙面间的角度成直角，从视觉上将夹角拉正，使空间规整到适合大多数家具摆放。

4. 利用不规整的空间做有特色的设计。比如弧形的室内阳台，可以直接沿墙体做成卧榻、坐凳、花架等。

11.2.2　客厅与餐厅

较为规整的中户型居住空间中，客厅与餐厅原本是两个遥相呼应、独立又开放的功能空间，它们的风格元素和色彩搭配相对整体、统一，在家具陈设、色调和光源的冷暖、位置、朝向、面积大小等方面略有区分，绝大多数的居住空间中，将靠近厨房的开放型区域设定为餐厅，而将拥有良好采光、较宽敞的开放型空间设定为客厅。

但是有的户型结构并不能让客厅与餐厅达成一字形排列的两个空间，这使得家庭成员不仅在行动上感到不畅，还影响采光，比如呈现L形排列的客厅与餐厅，餐厅的采光往往被拐角处的墙壁遮挡。在空间允许的情况下，不妨将客厅的墙壁后移，或者将拐角处的墙壁打造为玻璃材质的，这样无论从视野或是采光方面来看都显得通透了许多。

11.2.3 开放式与封闭式餐厨空间

中户型居住空间由于其面积相对宽裕会打造独立的餐厨空间，但为了使空间显得更加宽敞，开放式餐厨空间是一种更好的选择。

在选择开放式还是封闭式餐厨空间之前，首先要与业主进行有效沟通，确定他们的生活习惯和喜好，并认真研究户型结构，确定单从格局上来看是否必须选择哪一种形式的餐厨空间。如果厨房空间过于狭长、采光不足、通风不畅，或者家庭生活中有大量的餐厨用品需要使用和摆放，那么就要设计成开放式的。如果厨房的空间足够大，家庭成员对饮食的选择也存在多样化，还可以考虑开放式与封闭式并存的。

开放式餐厨空间可以利用岛台、吧台等实体家具，或者地面、顶棚造型材质变化等进行厨房与餐厅的开放式划分，让餐厨空间融通却具有相对的界线；封闭式餐厨空间也要采用通透式墙面设计，例如，采用玻璃隔断、镜面等材质，使空间隔而不断，通而不乱，在保证私密性、独立性的前提下，也形成了整体化设计，如图 11-7 所示。

图11-7 玻璃隔断分隔餐厨空间

任务 11.3 中户型居室空间设计实训项目

【任务描述】

实训项目由 2~4 人小组合作完成，要求学生掌握中户型空间的布局设计思路、合理改造的方法与技巧、风格化设计技巧和配色原则。实训要求根据所给的 120m² 三居室住宅，适应中年夫妇和一个孩子共同居住。通过实训项目，使学生更加深入地了解中户型空间的设计与布置，提高团队协作和设计能力。

相关知识：

11.3.1 实训题目

亲子空间设计。

11.3.2 完成形式

以 2~4 人为小组共同完成，团队合作。

11.3.3 实训目标

1. 掌握中户型空间布局设计的思路与方法。
2. 掌握中户型空间合理改造的方法与技巧。
3. 掌握中户型空间的风格化设计技巧。
4. 掌握中户型空间配色的原则。

11.3.4 实训内容

如图 11-8 所示，对 120m² 的三居室住宅空间进行室内设计。

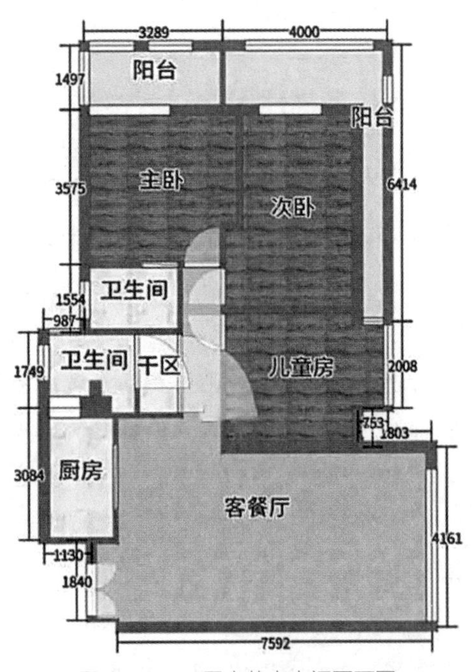

图 11-8 三居室住宅空间平面图

11.3.5 实训要求

1. 设计目标为适应中年夫妇和一个孩子共同居住。

2. 根据户型结构进行平面布局安排和适当的改造。
3. 平面规划合理，动线合理。
4. 整体风格统一，并进行适当的软装饰设计。

11.3.6 设计内容

1. 绘制规划改造后的平面布置图，布局合理、功能齐全、动线流畅。
2. 绘制思维导图、元素提炼草图、空间草图。
3. 绘制分析图（功能分析图、动线分析图、色彩分析图、材料分析图）。
4. 设计说明 1 份。
5. 设计方案图纸（平面图、顶棚吊顶设计图、立面图、局部详图）。
6. 空间效果图。
7. 空间预算 1 份。
8. A1 展板 1 张。
9. 设计小结，总结设计过程中的收获与不足。

任务 11.4 思维拓展

【任务描述】

对于中户型居住空间，为了改善空间感，可以采用以下技巧。首先，在视觉上提升空间感，墙面设计非常重要。选择合适的墙面色彩可以有效改善空间的整体效果，推荐选择低纯度、高亮度的色彩。其次，灯光效果也需要注意，可以利用局部照明以避免过亮的氛围，可以采用散光照明或将光源分布在同区域。另外，要合理布置室内空间，实用且合理地划分功能分区，并运用相互渗透的空间增加层次感。最后，中户型空间的家具宜选择造型简单、质感轻的家具，并注重收纳功能，以满足休息需求和最大化利用空间。

相关知识：

中户型居住空间可以通过一些技巧来改善空间感。从视觉角度提升空间感，会使居室变得更加宽敞明亮。

首先，如果想要在视觉上改善空间感，由于墙面控制着室内面积，人们的视觉焦点也会第一时间落在墙面上，所以墙面的设计尤为重要。中户型空间面积以 90~120m^2 为主，墙面设计不好会导致空间的局限性存在。能改善墙面设计的最有效的要素就是色彩，墙面色彩的选择与搭配在很大程度上影响设计的整体效果。纯度较高、色相较深的颜色容易使人产生压抑感，运用难度高，纯白似乎又略显单调，因此可选择纯度较低、亮度较高的色彩，帮助提升环境的空间感和明亮度，如图 11–9 所示。

图11-9　色彩选择

其次，灯光效果也起着重要的作用，可以利用局部照明。若灯光过于明亮，容易使房间氛围变得压抑，因此，最好将光源分布在不同的区域或者用散光照明，这样可以使房间更加温馨，如图 11–10 所示。

图11-10　灯光效果

再次，要充分利用室内空间进行合理的布置，既要满足人们的生活需要，也要使室内不致产生杂乱感。中户型居住空间的设计通常以实用、合理为原则来布置功能分区，然后利用相互渗透的空间增加室内的层次感，达到丰富空间效果的目的。

最后，中户型空间不宜选择造型繁复的家具，而应选用造型简单、质感轻的家具，尤其是那些可随意组合、拆装、收纳的家具，既可满足休息的需要，同时也可以最大化地增加收纳空间，如图 11-11 所示。

图11-11　家具选择

参考文献

[1] 梁俊，成鲲，吴妮，等 . 家居设计实训 [M]. 北京：中国水利电力出版社，2022.

[2] 康海飞 . 室内设计资料图集 [M]. 2 版 . 北京：中国建筑工业出版社，2024.

[3] 李浪 . 设计师谈软装搭配 [M]. 北京：中国电力出版社，2017.

[4] [日] 增田奏 . 住宅设计解剖书 [M]. 赵可泽 . 海口：南海出版公司，2018.

图书在版编目（CIP）数据

住宅室内设计：中小户型家装室内设计 / 罗伟，王鑫，吕茜主编 . —北京：中国建筑工业出版社，2024.3

高等职业教育建筑与规划类专业“十四五”互联网 + 创新教材

ISBN 978-7-112-29510-4

Ⅰ . ①住… Ⅱ . ①罗… ②王… ③吕… Ⅲ . ①住宅—室内装饰设计—高等职业教育—教材 Ⅳ . ① TU241

中国国家版本馆 CIP 数据核字（2023）第 251830 号

本教材为高等职业教育建筑与规划类专业“十四五”互联网 + 创新教材，内容分为两部分，其中知识篇包括室内设计基础知识、室内设计风格、居室色彩设计、室内灯光照明、室内人体工程学、家装材料的选择、室内绿植、软装元素、中小户型家装空间设计；实践篇包括小户型居住空间设计、中户型居住空间设计。适用于高等职业教育建筑设计类建筑室内设计专业学生使用。

为方便教学，作者自制课件索取方式为：1. 邮箱 jckj@cabp.com.cn；2. 电话（010）58337285；3. 建工书院 http://edu.cabplink.com。

责任编辑：王予芊　杨　虹
责任校对：赵　力

高等职业教育建筑与规划类专业“十四五”互联网 + 创新教材
住宅室内设计
——中小户型家装室内设计
主编　罗　伟　王　鑫　吕　茜
*
中国建筑工业出版社出版、发行（北京海淀三里河路 9 号）
各地新华书店、建筑书店经销
北京雅盈中佳图文设计公司制版
廊坊市海涛印刷有限公司印刷
*
开本：787 毫米 ×1092 毫米　1/16　印张：13 3/4　字数：272 千字
2024 年 6 月第一版　2024 年 6 月第一次印刷
定价：**46.00** 元（赠教师课件）
ISBN 978-7-112-29510-4
（42257）